苏州大学校史丛书

总主编 王卓君 朱秀林

苏州蚕桑专科学校简史

李　喆　石明芳　林　冈　著

苏州大学出版社

图书在版编目(CIP)数据

苏州蚕桑专科学校简史/李喆，石明芳，林冈著. —苏州：苏州大学出版社，2009.2
(苏州大学校史丛书/王卓君，朱秀林主编)
ISBN 978-7-81137-208-3

Ⅰ. 苏… Ⅱ. ①李…②石…③林… Ⅲ. 苏州蚕桑专科学校—校史 Ⅳ. S-40

中国版本图书馆 CIP 数据核字(2009)第 022737 号

苏州蚕桑专科学校简史
李　喆　石明芳　林　冈　著
责任编辑　金振华

苏州大学出版社出版发行
(地址：苏州市干将东路 200 号　邮编：215021)
丹阳市教育印刷厂印装
(地址：丹阳市西门外　邮编：212300)

开本 787 mm×1 092 mm　1/16　印张 11.75　插页 4　字数 274 千
2009 年 2 月第 1 版　2009 年 2 月第 1 次印刷
ISBN 978-7-81137-208-3　定价：22.00 元

苏州大学版图书若有印装错误，本社负责调换
苏州大学出版社营销部　电话：0512-67258835
苏州大学出版社网址　http://www.sudapress.com

苏州大学校史丛书编审委员会

主　任：王卓君　朱秀林

副主任：夏东民　张学光

委　员：（以姓氏笔画为序）

王书昭　王春元　王顺利　叶伟衡　田晓明　白　伦　任　平
刘有儒　刘　林　印其章　朱士群　朱　江　朱和生　朱炳元
江　村　江　涌　江　静　何寿春　吴融如　宋肇棠　宋锦汶
张　影　张云朋　张圻福　张良田　张雪根　张菊兰　李鹤皋
杨　巩　杨一心　沈雷洪　赵经涌　陆匡宙　陈一星　陈王善继
陈克潜　周孝谦　周炳秋　周德欣　杭晓平　郑薇青　金　均
姜礼尚　姚焕熙　施明干　赵　凯　钟文综　唐忠明　夏昌明
徐惠德　殷爱荪　秦和鸣　袁沧洲　诸镇南　钱培德　顾佩兰
顾　钢　高伟江　高祖林　高　敏　崔志明　曹　鄂　黄文锦
黄金玉　喻叔英　程肖彭　葛建一　路建美　蔡衍郎

执行主编：王国平

总　　序

苏州大学的历史，追溯最早源头，自东吴大学创办至今，已经一百多年了。

历史的偶然性往往使人们惊异不已。近代中国第一所西制大学不是诞生在浸润着欧风美雨的上海等沿海大都市，而是诞生在有着深厚的古老历史文化传统的姑苏。对历史偶然性的惊异又总会激发人们对历史必然性的思索。正因为苏州有着上千年崇文重教传统，才会在近代新的历史条件下宽容地接受了一所异质的教会大学。正因为苏州有着发达的科举文化，当甲午战争失败给社会以空前刺痛之时，才会有一群科举士子毅然转向西学以救亡图存，为大学的兴办创造了难得的生源与际遇。正因为苏州不是沿海大都市，在近代社会转型之际，它更少都市的商业喧嚣，而以厚重的文化素养使现代大学茁壮成长……

鸟瞰苏州大学的百年历程，名校汇聚，群贤毕至，千帆竞发，如同百川归流，激荡成壮阔的历史长河。1952 年院系调整，苏南文化教育学院、东吴大学文理学院及江南大学数理系合并组建苏南师范学院，不久更名为江苏师范学院。1982 年，江苏师范学院改为苏州大学。苏州蚕桑专科学校、苏州丝绸工学院、苏州医学院又先后于 1995 年、1997 年、2000 年并入苏州大学。星移斗换，万象更新，今日之苏州大学正跨越世纪，攀上历史的高峰，前面是更为辉煌的未来。

这套丛书将向您展开苏州大学一百多年的历史长卷。我们希望，她所承载的历史文化积淀，以及附丽其上的历史记忆、历史评论等等，能让您开卷有益。

Preface

The history of Soochow University today can be traced back to the establishment of the former Soochow University (1900—1952), one of the earliest universities in the country over a hundred years ago.

Amazingly, the first modern western university in China wasn't born into the coastal metropolis like Shanghai which had been westernized much earlier, but coincidentally in the ancient city of Suzhou which enjoyed great cultural profundity and historical tradition. This amazing coincidence certainly inspired people to reflect its inevitability. It was Suzhou's traditional homage to culture and education that nurtured an open field to a mission university from the West. It was also its developed Imperial Civil Service culture that enabled a group of Suzhou elite scholars to determinedly turn to Western learning for the survival and revival of the nation after the humiliating Sino-Japanese war in 1894. Furthermore, it was the non-coastal metropolis location that made Suzhou less commercialized during the social transformational period and favored, with its rich cultural attainments, by education pioneers. All these helped to create rare opportunities for an institution of higher learning and its maturity.

The centennial history of Soochow University has witnessed mergence of well-known institutions, assembly of the virtuous, and prosperity of attainments, and continuation flows of historical development. During the national reformation of colleges in 1952, Southern Jiangsu Teachers' College, very soon as Jiangsu Teachers' College was formed on the mergence of the School of Liberal Arts and Science of the former Soochow University, Southern Jiangsu College of Culture and Education and the Department of Science of Jiangnan University. Soochow University was renamed in 1982, and in 1995, 1997 and 2000 respectively, Suzhou College of Sericulture, Suzhou Institute of Silk Textile Technology and Suzhou Medical College were merged into Soochow University. With great changes, Soochow University in the 21st century is renewing itself with each passing day for the peak of its historical glory and bright future.

The book series are opening a demonstrative display of the centennial history of Soochow University. It is sincerely hoped that the accumulation of culture, to which historical memories and comments attached will provide readers a beneficial review of the university.

Wang Zhuo-jun　Zhu Xiu-lin

苏州蚕桑专科学校简史目录

第一章 蚕校的前身及其建立(1904~1912)

第一节 近代中国蚕业与蚕业教育

1. 近代中国蚕丝业的衰落

蚕丝从遥远的新石器时代就已经进入了中国人民的生活,在整个古代社会的经济生活中,它都扮演着非常重要的角色。对于国家来说,它是早期赋税的重要组成部分,从魏晋以来的均田制开始,桑田就作为国家授田的形式分配给农民,并通过收缴生丝完成纳税;同时它又是国家对外贸易的主要产品,世界闻名的"丝绸之路"将中国古代的高级丝织品源源不断地输送到中亚和欧洲。对于普通民众来讲,蚕丝既是高级衣物的原料,又是重要的手工业产品,即使在元代棉制品逐渐普及之后,普通的江南百姓依然通过养蚕制丝来换取其他生活用品。如此广泛和重要的用途,决定了蚕丝在中国经济生活中的重要地位,也使古代的中国成为世界上蚕丝业最为发达的国家。而丝路的开辟使世界各国在得到华美丝织品的同时,也获得了中国先进的养蚕制丝技术以及优良的蚕种,从而推动了世界各国蚕丝业的新发展,中国对于世界蚕丝业发展所作的贡献也为世界所公认。

《天工开物》中的古代缫丝车

不过,近代以来,世界发生了重大的变化。欧美工业革命之后,大机器工业的发展使丝织品可以大批量地生产,对生丝等原料的需求大大增加。此时,日本抓住机遇,取代中国成为世界上最重要的生丝生产国。日本蚕丝业自秦汉时代由中国传入,同样为本国的重要出口商品。自明治维新以后,随着西方科学技术的传播和新式缫丝机械的引进,日本政府积极鼓励生丝的生产,不但在生产方面设立国营工厂,规范生丝生产标准,改进制丝技术,使其蚕业科技在蚕种选育、缫丝技术和防治蚕病等方面都有了明显的进步,而且颁布生丝输出奖励法案,取消生丝出口税,降低生丝出口成本,增强在国际市场中的竞争力。同时,日本在蚕丝生产的组织上更加科学,其标准化生产的丝织原料也更符合欧洲和美国机械化大工业生产的需要,"输往美国的生丝,日丝占 90%,而华丝及他国之丝,只占 10%"①。而进入 20 世纪时,单就世界生丝产量而言,"中国占 41.5%,日本占20.7%,日丝产量仅有中国之一半",发展到 1914 年,"日本更增至 44.5%,而中国则降低至26.%……大量输出终于超越我国而取得世界生丝市场上之首要地位"②。

日本明治中期大宫制丝场

反观 20 世纪之近代中国,正值列强入侵之时,清政府政治腐败,对全国的统治已经名存实亡,社会经济发展十分落后,处于世界经济体系的最下层,只能靠出口原料维持对外贸易。而在众多原料之中,蚕丝仍旧是我国最为重要的出口商品,"蚕丝及丝类织品每年出口价值,约占全国总出口价额的四分之一强"③。由此可见,蚕丝在近代国家财政体系中仍然扮演着至关重要的角色。然而,当时的中国蚕丝业始终处在以家庭手工作坊为主要生产手段的低级生产状态中,生产的生丝不但产量有限,品质也良莠不齐,根本无法适应大机器工业规范化生产的需要,加之在蚕种培育等基础环节没有先进生产技术的保障,使得中国生丝在国际上的竞争力日趋降低。面对此种局面,国内的有识之士纷纷提出了各种改良蚕丝业的倡议,而其中最为关键的则是学习先进的蚕丝理论,培养蚕丝技术人才,从而为蚕丝业的改良和发展提供根本上的技术保证。

2. 近代实业教育和女学的兴起

自 19 世纪六七十年代起,中国在遭受外来文明打击的同时,也从外来文明中不断汲取先进的养分,以使中国古老的肌体能够重新焕发青春。当是时,清朝洋务人士在大举兴办各类军用和民用工业的同时,为了满足清政府和企业本身的人才需求,开办了一系列新式学堂。同治元年(1862),恭亲王奕䜣奏准开办同文馆,附设于总理衙门。这是专为政府机关培养翻译人才的语言学堂,最初只设英文、法文、俄文三班,后来增设德文、日文以及天文和算学。招生对象开始仅限于 14 岁以下之八旗子弟,以后兼收年岁较长的满汉科举出身人员。学制初定为三年,后因学科的增加而有所延长。毕业之学生直接服务于清政府。

京师同文馆

① 王树槐:《中国现代化的区域研究——江苏省》,台湾"中央"研究院近代史研究所 1984 年版,第 397 页。
② 尹良莹:《近百年来我国蚕丝业之改进与发展》,《蚕丝文集》,台湾正中书局 1989 年版,第 209 页。
③ 尹良莹:《近百年来我国蚕丝业之改进与发展》,《蚕丝文集》,台湾正中书局 1989 年版,第 207 页。

随后,清政府相继在广州和上海也分别开设了同文馆和广方言馆。此类翻译学堂的开设,成为新式专门人才教育兴起的嚆矢,而"追溯中国实施现代实业教育的最早机关,当推同治五年(1866)六月设立的福建船政学堂"。该学堂包括两部分,即法文学堂(前学堂)和英文学堂(后学堂)。法文学堂主要为培训造船技术,由三个部分组成:制造学堂、绘事院和艺圃;英文学堂也由三个部分组成:驾驶学堂、练船和管轮学堂,"其程度近似现行的专科学校"①。这种专门培养技术应用人才学堂的开设,虽然并不带有普及教育的目的,但为今后实业学堂的开办开辟了道路。此后,天津电报学堂、北洋武备学堂附设铁路班、湖北矿务局附设矿业学堂及工程学堂等,以培养各种专业技术人才为目的的新式实业学堂如雨后春笋般建立起来,为近代实业教育的兴起打下了坚实的基础。面对国家经济发展的切实需求,清政府也越来越重视实业教育的作用,不但于光绪二十五年(1899)"谕令出洋学生分入各国农工商等学堂,遂有出洋学生肄习农工商矿实学章程颁布"②,而且在光绪二十八年(1902)颁布《钦定学堂章程》之时,第一次将实业学堂写入了国家谕令之中,与普通教育一样分为高等实业学堂、中等实业学堂以及简易实业学堂(相对于小学堂而言)。自此,实业教育正式成为中国教育领域的新形式。

在实业教育逐渐起步的同时,近代中国的女子教育也伴随着新思想和新风气的涌入慢慢发展起来。中国古代的女子教育由于受到封建社会男尊女卑思想的影响,一直以"贤妻良母"为最终教育标准,教育方式以亲属的言传身教为主,"只有少数贵族女子得延师受教,而修养专重闺范,学科专重文学;中人之家,女子于十二岁以下尚可于私塾中受识字教育,至十二岁以上则禁锢于家庭……至于贫寒妇女……更无教育之可言"③。然而,随着国门的打开,中国女子教育也翻开了新的篇章。道光二十四年(1844),英国女传教士阿尔德塞(Mary Ann Aldersey)在宁波首先开设了女子私塾,免费招收女学生并供给衣食起居等各项用费,开设圣经、国文、算术等课程,并要学生在功课之外学习缝纫和刺绣。在此之后,相当数量的教会女子学校在各通商口岸开办,使国人对女子教育的认识为之一变。光绪二十二年(1896),梁启超在其著名的《变法通义》一文中,辟专章论述女学之重要性。他从女子占中国人口之半数,女子受教育可增加生产,"夫使一国之内而执业之人骤增一倍,则其国所出土产作物必骤增一倍";女子居家庭之重要位置,女子受教育可改良家庭,使"其家庭内外相处熙睦,行迹言语终身无间然者";女子对儿童具有最大的影响力,"西人分教学童之事为百课,而由母教者居七十焉"④;女子受教育可使儿童拥有良好的早期教育,以及有知识妇女之胎教可以保持种族之优良等四个方面论述了女子教育的重要性,对当时中国女子教育的前进起到了巨大的引导作用。光绪二十四年(1898),上海著名慈善事业家经元善,联络梁启超等人在上海开办经正女学,成为第一所中国人自行捐资并开办的女子学堂。经正女学校址在上海城南桂墅里,首批招收8到15岁的女童20人,课程设置为了区别教会女学,以华文功课和中国传统教育为主要内容,同时添加英文、算数、地理等西方新学。经正女学为近代中国的女子教育起到了模范作

① 周予同:《中国现代教育史》,《民国丛书》第一编49,上海书店1989年版,第282页。

② 黄炎培:《三十五年来中国之职业教育》,《民国丛书》第二编49,上海书店1990年版,第137页。

③ 俞庆棠:《三十五年来中国之女子教育》,《民国丛书》第二编49,上海书店1990年版,第175页。

④ 梁启超:《变法通义·论女学》,《饮冰室合集》,中华书局1988年版,第39、40页。

用，虽然之后因戊戌变法失败，女学受到牵连而被迫停办，但女子学堂的兴办已经形成风气，“自1901年至1904年每年有女子学校之增设……自后全国各大城中均有女子学校矣”①。

经正女学学生

3. 早期蚕业学堂的设立与办学情形

清末实业教育得以起步之后，自古以农业立国的中国，自然将农业教育放在了十分重要的位置，其中，蚕丝作为最主要的农产品，更是发展实业教育的重要方面。有关近代最早的蚕业学堂，学界曾有不少争论。在20世纪30年代，大多数国人都将江西高安蚕桑学堂作为中国最早的蚕业学堂，甚至是农业职业教育的鼻祖。然而，经过当代学者们的考证②，江西高安蚕桑学堂只是当地官员和士绅在实业教育兴起的风气影响之下所提出的一个建议，并没有最终得以实施。而目前已经被学界广泛接受的是：杭州蚕学馆的建立开了我国蚕业职业教育的先河。

原杭州蚕学馆——浙江蚕业学校校门

杭州蚕学馆建于光绪二十三年（1897）七月，由当时的杭州知府林启创办。林启，字迪臣，福建侯官（今福州）人，光绪二十二年（1896）二月调补杭州知府。当时，正值“甲午战败，乙未议和以后，各省方纷纷倡新政，谈新学”③。在此种政治氛围之中，林启有感于浙江为中国蚕丝之乡，希望通过开办蚕业学堂，改良蚕种和革新养蚕技术，从而“为浙中扩万世之厚利，为各省开风气之先声”④。于是，他于光绪二十三年（1897）四月，向浙江巡抚廖寿丰上《请筹款创设养蚕学堂禀》，七月获准创办。八月，杭州蚕学馆在西湖金沙港原关帝庙和怡贤王祠址（现曲院风荷边）筹建校舍，占地30余亩。次年（1898）二月落成。计有前考种楼

① 俞庆棠：《三十五年来中国之女子教育》，《民国丛书》第二编49，上海书店1990年版，第176～177页。

② 饶锡鸿和蒋美伦先生在1985年南京农业大学学报所组织的有关近代中国农业教育起点问题的讨论中，经过与原始档案文献的比对，结合亲身实地考察，得出了江西高安蚕桑学堂只是一个提案，并未得以实施的结论。具体内容见：《高安蚕桑学堂并未创办起来》，《南京农业大学学报》1985年第2期。

③ 黄炎培：《三十五年来中国之职业教育》，《民国丛书》第二编49，上海书店1990年版，第136页。

④ 林启：《请筹款创设养蚕学堂禀》，见朱有瓛：《中国近代学制史料》第一辑下册，华东师范大学出版社1986年版，第943页。

饲蚕所1座，上下14间；蚕室1座，5间；后烤种楼办公室1座，上下20间；东西斋房（寝室）30间；贮叶处3间；膳室、厨房、门房共12间。基建用银一万零三百两。购置仪器设备三千两，开办费共花银子一万三千三百两。①

杭州蚕学馆全景

杭州蚕学馆教学楼

光绪二十四年（1898）三月十一日，杭州蚕学馆正式开学，十三日开始授课。办学宗

① 《浙江蚕学馆表》，《农学报》第41册，第2～3页。见朱有瓛：《中国近代学制史料》第一辑下册，华东师范大学出版社1986年版，第949页。

旨以"除微粒子病，制造佳种，精求饲育，兼讲植桑，传授学生，推广民间为第一义"①。开设物理、化学、数学、植物、动物、气象法、土壤论、桑树栽培法、桑树除害法、蚕体生理、蚕体病理、蚕体解剖、养蚕法、缫丝法、显微镜使用法、蚕茧和生丝检验法、器械法、肥料论和毒霉论等19门课，包括实习在内，分四个学期学完，学制两年。招生要求"无论举贡生童，有能家世业蚕，文理通顺，年在二十左右，明敏笃静者，准其报名投考。文字虽佳，考取后要面问养蚕成法，以定去留。惟短视人于显微镜不相宜"②。第一期定额30名，实到25名，多数是秀才。由蚕学馆供给伙食，每人还按月发零用费三元。另有额外生8名，伙食自备(每月洋二元四角)。为培养师资，早在开学前一年便派遣嵇侃和汪有龄两人赴日本留学，后汪有龄改学法律，而嵇侃一直在日本专研蚕业技术，"推为中国留学生之冠"③。

蚕学馆最高领导是总办，由林启自兼。下设总教习，掌管蚕学馆的一切事物，并可任用下属人员。教习对总教习负责，分掌各教务。馆正和馆副由总办领导，掌握馆中事务。馆副除帮办馆正之事务外，分工一人专管收支银钱伙食费，一人专管检点仪器及收藏蚕种蚕茧。总教习开始聘用宁波人江生金，不久即由原任日本宫城县教谕的轰木长继任；馆正委任杭州人邵章；馆副为林贻珊、陈达卿。初步制定常年经费为每年五千两白银。当时还在秀水、桐乡、诸暨、嘉兴、乌镇等地设立了分馆。

光绪二十六年(1900)秋，蚕学馆第一期18名学生学业期满，毕业后分赴浙江各地蚕业公会任教习，推广所学先进蚕业生产技术。此后，杭州蚕学馆毕业之学生除本省外，还应邀分赴四川、湖北、山东、安徽、江苏、陕西、山西、云南、贵州等省，形成了我国近代最早的一批蚕丝实业、科技和教育的骨干力量。其中，苏州蚕桑专科学校前身的三位校长均出身于此，他们分别是第三期毕业生郑辟疆和第四期毕业生章孔昭与史量才。

第二节　学校的前身及建立

1. 史量才与上海私立女子蚕业学堂

史量才，出生于光绪六年(1880)，名家修，祖籍江宁(今江苏南京)。光绪二十五年(1899)春考入娄县学为附生。"时当戊戌政变后，先生愤慨清政治腐败，弃举子业，与松城雷继兴、龚镜清辈研求日本文及理化等应用科学。"光绪二十七年(1901)秋，为学习实用之学考入浙江蚕学馆，求学期间曾于家乡提倡开办养正小学，开当地基础教育的先河。光绪二十九年(1903)，史先生作为浙江蚕学馆第四届毕业生毕业。之后先后在上海王氏育才学堂、兵工学堂、务本女学、南洋中学各校任理化等科教师。在教书过程中，史先生深感中国教育文化事业的匮乏是近代中国落后的根本原因，认为"一国之兴，文化实其基

① 《浙江蚕学馆表》，见朱有瓛：《中国近代学制史料》第一辑下册，华东师范大学出版社1986年版，第949页。

② 《蚕学馆招考章程》，见朱有瓛：《中国近代学制史料》第一辑下册，华东师范大学出版社1986年版，第945页。

③ 罗振玉：《杭州蚕学馆成绩记》，见朱有瓛：《中国近代学制史料》第一辑下册，华东师范大学出版社1986年版，第956页。

础"①,遂积极致力于教育事业。而在新式学堂任教的经历,也让史量才对教育兴国有了新的认识,特别是在务本女学与新时代女青年的接触中,他强烈地感到女子应该有受教育的权利,应该充分发挥她们的聪明才智。而当时的普通教育对女性的帮助太微弱了,不具备一技之长的女性,即使接受了新式教育,也摆脱不了被埋没于家务的命运。于是,史量才决定利用自己在蚕学馆学到的专业知识,在苏南这片蚕丝之乡开办一所女子蚕业学校。

史量才

光绪三十年(1904)春,史量才利用日常积蓄买下了原经正女学在上海西门外高昌庙桂墅里的旧校舍,创办了上海女子蚕业学堂。关于上海女子蚕业学堂的创立时间,一直有多种看法,分别为1903年②、1904年③、1905年④三个时间点,各自都有不同的依据。笔者经过长时间考察,并没有找到十分确切的史料证明上海女子蚕业学堂建立的准确时间,但根据史量才先生不同版本的生平传记综合考虑,认为史量才先生于光绪二十九年(1903)夏毕业于杭州蚕学馆,然后前往上海几所不同的学校任教,似乎在当年就筹办并建立上海女子蚕业学堂并无足够的时间,而在次年春天创办学校更为合理,至于1905年则稍显滞后了。另外,从笔者所见到的材料来看,当属郑辟疆先生和黄炎培先生的叙述最为权威。而郑辟疆先生仅在1958年的汇报材料中记述了学校的建立时间,而在其他多篇回忆文章中均未提到学校的建立时间,加之郑先生当时远在山东任教,因此在记忆上可能存在偏差。而与此相对,黄炎培先生作为近代职业教育的开拓者,一直密切地关注着国内职业教育的发展状况,而且上海女子蚕业学校建立前后,黄先生也同在上海一些学校任教,后来与史量才先生更是交往密切。

私立上海女子蚕业学堂

① 黄炎培:《史量才先生之生平》,《人文》1934年第5卷第10期,第1页。

② 1989年版《苏州蚕桑学校校史》以1958年郑辟疆先生所写学校简史为依据,将上海女子蚕业学校的建立时间确定为1903年。1998年由上海社科院出版的《上海丝绸志》也采用了这个时间点。

③ 黄炎培先生在《中国职业教育简史》中认为,上海女子蚕业学校的建立时间为光绪三十年,也就是1904年。《中国近七十年来教育纪事》、《中国近代教育大事记》和《江苏省志·教育志》也采用了这个时间点。

④ 璩鑫圭等先生编写的《中国近代教育史资料汇编·实业教育》认为,上海女子蚕业学校为1905年建立。而朱有瓛先生编著的《中国近代学制史料》,引用《上海县续志》的内容,也认定为1905年。

因此,黄炎培先生在《中国职业教育简史》中的记述应该更加可信。所以,本书采用光绪三十年(1904)春为上海女子蚕业学校的建立时间。

史量才先生在学堂章程开篇就开宗明义地提出,上海女子蚕业学堂应"注重栽桑、养蚕、制种、缫丝等试验,并改良旧法,兼授普通及专门学理,以扩充女子职业,挽回我国利权为宗旨"①。学堂章程还规定招收的女生年龄要在15~35岁之间,学制为预科2年,本科3年,还特别设立了选科,为"曾进中等学堂已有中学程度有志实业者而设,不必全修本校课程,可选修专门科目及实习"②,学制为半年。同时,由于是女子学堂,史量才先生为了方便管理,还将自己新婚的妻子接到了上海,帮助自己管理学校事务。"校长史量才,校务庞明德,校工王尧钦,他们里里外外忙着招待刚入学的女学生。因为是初试牛刀,只开一个班级。20名女生齐刷刷全部都是16~18岁的青春少女。"③关于招收女生的年龄范围,史先生还考虑了蚕业学校的特殊性质,"第一,他们在养蚕时期,有一个很辛苦的服务,时常要轮流守夜,而且很沉重的蚕匾,要掇上掇下,非幼稚女生所能胜任。第二,在育种的时候,须用显微镜,仔细观察,而且对于蚕蛾的交配,详细解释无遗,在交尾中,还要辅以人力,这也是那种幼稚女生所非宜。"④

作为浙江蚕学馆的毕业生,史量才借鉴蚕学馆的课程,为学堂编排了详备的学习课程。

预科课程为:

学科 学年	修身	国文	数学	蚕学	博物	习字	家政	合计
第一学年 每周时数	2	12	珠算6	4	4	6		34
第二学年 每周时数		12	笔算9	4	4	6	1	36

本科课程为:

学年 学科	第一学年	每周时数	第二学年	每周时数	第三学年	每周时数
修　身	人伦之要旨	2				
国　文	读文、作文、写字	12	文典、作文、写字	9	作论说	6
数　学	算术	4	代数	4	几何、三角	6
蚕体解剖	内外部	4				
蚕体生理	卵体	3	蚕体、蛾体	4		
显微镜	使用法及论理	2				

① 《上海女子蚕业学堂章程》,《女子世界》,1905年第6期,《中国近现代女性期刊汇编》,线装书局影印本,2006年5月版。

② 《上海女子蚕业学堂章程》,《女子世界》,1905年第6期,《中国近现代女性期刊汇编》,线装书局影印本,2006年5月版。

③ 庞荣棣:《史量才——现代报业巨子》,上海教育出版社1999年版,第19页。

④ 包天笑:《钏影楼回忆录》,《中国现代自传丛书》,台湾龙文出版社1990年版,第401页。

续表

学年 学科	第一学年	每周时数	第二学年	每周时数	第三学年	每周时数
蚕病理			病理	3		
栽桑法			桑树栽培论	3		
养蚕法					蚕心计法	4
缫丝法					上等丝、屑茧丝、双宫丝	4
理　科	动物、植物、物理	9	矿物、物理	6	化学	4
土壤学						2
肥料学						2
经　济						2
图　画					器械着色	3
日　文			文典	3	会话	3
合　计		36		32		36

实习课程为:

催　青	饲育　春蚕 　　　夏蚕	缫丝　上等丝 　　　屑茧丝　（第三年） 　　　双宫丝	制　种
肉眼考种	显微镜考种	栽培(第二年)	解剖(第一年)

手工课程为:

外国刺绣(专科)	织绒物 织线物　（普通科）	铁机织缝(普通科)

由上述各科课程表可知,上海女子蚕业学堂的课程中不但包括了养蚕、制丝和种桑等专业课程,还包括国文、数学、物理和化学等基础性课程,并且为了学生们能够进一步了解世界先进的蚕业知识,学堂专门开设了日语课程,使女学生们在得以了解日本蚕业现状的同时,也为将来远赴日本深造打下了基础。另外,史量才还十分重视女生的身心培育,将体操列为必修课,游戏体操和音乐为选修课。

在师资方面,因为限于资金,史量才一方面自己在学堂任教,还从时报馆聘请编辑做教员。当时《时报》的各位编辑包天笑、陈景韩、雷继兴、林康侯等均做过学校教员。而这种教员"所得报酬,微乎其微……算是半义务性质,每小时仅致酬半元"①。尽管是这样,这些编辑的津贴也要靠史量才先生为报馆写稿作为交换。同时,他还请杭州蚕学馆的日籍教师对学校工作给予指导,并与正在日本留学的杭州蚕学馆同学郑辟疆交流日本的新

① 包天笑:《钏影楼回忆录》,《中国现代自传丛书》,台湾龙文出版社 1990 年版,第 449 页。

法种桑和养蚕的经验。这些措施使得学堂教学方法新颖，教学效果显著，学校的女学生们也都认真向学，“在那里毕业出来的学生，由各处聘请，或自设养蚕所”①，初步实现了史量才扩充女子职业，挽回国家利权的目标。

2. 蚕校转为公立，迁址浒墅关

进入20世纪第二个十年之后，史量才的生活发生了很大的变化。一方面，他在尽力维持学校的发展，学校的状况也渐有起色；另一方面，他将自己的主要精力投入到了新闻领域，并将全部的热情倾注到接办《申报》的事业当中。而这时他的夫人怀孕待产，已经不能继续帮助他管理女蚕校的日常事务。这些因素使得史量才产生了转让蚕业学堂的想法。正在此时，清政府下令要求各地积极创办实业学堂，从而使得全国开办实业学堂的风气更加浓厚。当时的江苏巡抚便借此机会，在与史量才协商后，将上海女子蚕业学堂转为公立，成立了江苏省立女子蚕业学堂，并将校址迁往苏州浒墅关。由江苏省单独划拨荒地160亩，拨款建设教室11幢，宿舍27幢，办公室7幢，蚕室6幢又10间，以及其他用途的房屋若干，学校的规模有所扩大。但是，因为随即而来的辛亥革命，清政府被推翻，国家政治秩序处于重建之中，新女蚕校的诞生就被延误了下来。

① 包天笑：《钏影楼回忆录》，《中国现代自传丛书》，台湾龙文出版社1990年版，第411页。

第二章 蚕校早期的发展(1912～1927)

第一节 初创中的女蚕校

民国建立伊始,新成立的教育部就于1912年9月颁布了《学校系统令》,规定“实业学校分甲、乙二种,各三年毕业”①。1913年8月,更颁布了专门规范实业教育发展的《实业学校令》和《实业学校规程》。在《实业学校令》中,重申实业学校分为甲、乙两种,甲种实业学校为省级地方行政机关设立,所用经费由省行政机关负责。而“实业学校之种类,为农业学校、工业学校、商业学校、商船学校、实业补习学校等。蚕业学校……视作农业学校……女子职业学校得就地方情形所宜,参照各项实业学校规程办理”②。

章孔昭

在新的教育管理制度之下,1912年秋,女蚕校正式定名为江苏省立女子蚕业学校(简称女蚕校),属于江苏省立甲种实业学校,并委任原杭州蚕学馆毕业生章孔昭先生为第一任校长,就在前清政府划给的校址上恢复招生。学校建立伊始,将教育目的定位于培养养蚕技术人员,仅开设养蚕科1个专业,学制为预科1年,本科3年。招生对象为小学毕业或具有同等学力的学生。学额定为每个年级40名,由学校提供膳食。

1916年校舍全景

1916女蚕校桑场

---

① 民国教育部:《学校系统令》,《中华民国史档案资料汇编》第三辑教育,中国第二历史档案馆编,江苏古籍出版社1991年版,第60页。

② 民国教育部:《学校系统令》,《中华民国史档案资料汇编》第三辑教育,中国第二历史档案馆编,江苏古籍出版社1991年版,第372页。

1. 学校经费

女蚕校改归公立之后，最明显的变化就是经费来源有所保障，不再是依赖私人捐助才能得以维持，江苏省每年都会从教育预算经费中单独划拨固定的经常费和临时费，作为女蚕校的办学经费。

以 1916 年江苏省立学校经费预算表①为例，江苏省立各实业学校的经费大致如下：

省立第一农业学校：36 412 元；省立第二农业学校：34 182 元；
省立第三农业学校：33 634 元；省立水产学校：42 169 元；
省立女子蚕业学校：26 232 元；省立第一工业学校：42 416 元；
省立第二工业学校：53 428 元；省立第一商业学校：23 400 元。

虽然对比其他实业学校的预算经费，女蚕校的经费并不宽裕，但这种固定的有保障的经费来源是女蚕校得以继续发展的重要条件。根据女蚕校的收支情况来看，女蚕校每年建筑和修葺校舍，购入教学用品以及学校日常开销等项费用，在经费方面给予学校很大的压力，而省拨经常费在此种情况下便起到了十分重要的作用，保证了学校收支基本平衡并且还能略有剩余。

1916 年办公室与宿舍

1916 年教室与蚕室

① 《江苏省教育行政经费五年度预算与三年度比较表》，《江苏教育行政月报》1916 年第 1 期。

1913年至1916年上半年江苏省立女子蚕业学校收支一览表①

<table>
<tr><th colspan="2">学期年度
项目</th><th colspan="2">1913年~1914年</th><th>1913年~1914年</th><th>1915年7月~12月</th><th>1916年1月~6月</th></tr>
<tr><td rowspan="4">经常费</td><td rowspan="2">收入</td><td colspan="2">17 287</td><td>26 135</td><td>12 866</td><td>13 234</td></tr>
<tr><td colspan="2">500</td><td>0</td><td>0</td><td></td></tr>
<tr><td rowspan="2">支出</td><td colspan="2">15 233</td><td>24 179</td><td>12 571</td><td>12 508</td></tr>
<tr><td colspan="2">126</td><td>270</td><td>606</td><td>160</td></tr>
<tr><td rowspan="4">临时费</td><td rowspan="2">收入</td><td>10 300</td><td>10 708</td><td>6 000</td><td></td><td></td></tr>
<tr><td colspan="2">0</td><td>0</td><td></td><td></td></tr>
<tr><td rowspan="2">支出</td><td>11 615</td><td>11 435</td><td>8 247</td><td></td><td></td></tr>
<tr><td>320</td><td>652</td><td>860</td><td></td><td></td></tr>
<tr><td colspan="2">备　注</td><td colspan="2">经常费上年结余银二元七角二分。本年收入除支出外结余银二千零五十七元零九分四厘。建筑宿舍、山墙、水池、洗衣场等工程及添购物品银三百二十六元四角七分。不敷银一千三百十五元三角二分。建筑蚕室、贮桑室、调理室、雨中操场、浴室、门房等工程及添购器具银七百九十九元一角七分二厘。不敷银七百二十七元六角五分二厘。均奉前省长韩饬准由经常费结余项下移付,净余经常费十四元一角二分二厘。</td><td>经常费上年结余银十四元一角二分二厘。本年收入除支出外实存银一千九百六十九元八角五分二厘。奉饬准移作建筑蚕室、职员室、门房等工程,不敷之用再此项工程除移挪三年度结余银外尚短银二百七十八元八厘,由四年度经常费撙节费下挪用。</td><td>本届经常撙节二百九十四元三角九分四厘,除移付上年临时不敷二百七十八元八厘外,净余经常十六元三角八分六厘。又风灾修理九百七十四元六分饬由校内杂项收入款内另案详报,故不列入临时支出。</td><td>四年十二月份结余银二百九十四元三角九分四厘,已滚入五年一月份收入项内,此项结余银于五年四月份移付三年度临时费不敷银二百七十八元八厘,均未列入上项收支项内。</td></tr>
</table>

① 据《江苏省立各学校近三年间收支一览表》和《江苏省立学校五年上半年经费表》所制,《江苏教育行政月报》1916年第12期和1917年第3期。

女蚕校除了省内拨款之外，还努力发挥实业学校的自身优势，积极通过各种生产方式为学校获得更多的资金支持。下表为1913年至1916年上半年女蚕校收入一览表。

1913年至1916年上半年女蚕校收入一览表①

学期年度	收入							备注
	田房租金	瓦砾抓工	屑茧	桑叶	蚕种	屑丝	总计	
1913年~1914年	100	300					400	田房均无，惟有未开桑场之余地及校舍之余地共七十四亩半。
1913年~1914年	143		384				527	
1915年7月~12月	149						149	
1916年1月~6月		2	124	244.9	77	80	527.9	大生纱厂派员来购桑地，瓦砾津贴抓工银三百元。

从此表中可以看出，在大部分省立实业学校还在以学生的学费和伙食费为主要收入来源时，江苏省立女子蚕业学校则是通过出售桑叶、蚕种以及屑茧和屑丝，出租学校空地和空房以及瓦砾抓工等形式来增加收入，并以此为基础免除了学生的学费和伙食费，使得女蚕校的许多学生得以摆脱缴纳费用的困扰，全身心地投入到学习中去。

2. 师资力量

1913年，民国教育部所颁《实业学校规程》规定，甲种实业学校教员必须具备以下资格："1. 在国立专门学校毕业者；2. 在国外专门学校毕业者；3. 在高等师范学校毕业者；4. 在教育部认定之公立、私立专门学校毕业者；5. 有中等学校教员许可状者；6. 在甲等实业学校毕业积有研究者。"②而根据郑辟疆校长1958年的回忆，女蚕校1912年建立之初，"教员有六人，其中专业教员皆杭州蚕学馆出身，普通教育皆有专科程度。"③到1916年，学校师资力量得到了进一步的加强，共有教职员工21人，其中教师16人，职员5人，不但保持了专业教师大部分出身于杭州蚕学馆等蚕丝专业院校的教学优势，更为学生配备了专职校医，为学生得以在身心健康的前提下认真学习提供了保障。

然而，根据下面的教职员薪俸表，我们可以看到此时的女蚕校教职人员的薪金待遇并不高，每个教员的平均薪金只有40多元。而此时在山东公立农业专门学校任教的郑辟疆先生则能领取到150元的工资，工资金额甚至超过了女蚕校的校长。因此，女蚕校从建校之初，教师的流动性就非常之大。他们迫于生活压力，无法坚持教学，大部分都会转入到实业界任职，或者自办蚕种场。这就使得女蚕校无法保持一支稳定的教师队伍，为教学工作高效、顺利的开展留下了隐患。

① 据《江苏省立各学校近三年间收入总计表》和《江苏省立各学校五年度上半年经费表》所制，《江苏教育行政月报》1916年第12期和1917年第3期。

② 民国教育部：《学校系统令》，《中华民国史档案资料汇编》第三辑教育，中国第二历史档案馆编，江苏古籍出版社1991年版，第374页。

③ 苏州大学档案馆馆藏档案，《江苏省浒墅关蚕桑学校历史沿革及发展过程》，长期第19号。

1916 年蚕校教职员工薪俸表①

姓　名	现任职务	所任学科及钟点数	薪俸数	备注
章孔昭	校长	修身 4	100	
吴任昭	舍监	实习 3	40	
冯世英	副舍监	实习 2	34	
沈亚杰	副舍监		30	
赵　琛	庶务	代数 5、珠算 1	50	
顾　耿	庶务助理	地理 2、历史 2、习字 3	40	
张祖荫	会计	博物 6	40	
李西畴	书记兼会计助理		28	
谈淩民	校医		30	
杜以芬		制丝法 3、肥料 2、蚕体病理 3、制丝实习 6	80	
石如璧		制丝法 2、养蚕法 2、肥料学 2、蚕业经济 2、实习 2	70	
郑普一		显微镜学 2、养蚕法 3、蚕体解剖 2、实习 3	70	
钱　祐		桑场管理裁桑法 2、制丝实习 6、蚕生理 2、蚕体解剖蚕体解剖实习 2	40	
孙光文		国文 10	50	
陆天庐		国文 5、日文 4	54	
费　镜		国文 9、日文 3	54	
王石士		几何 4、代数 4、算数 5	44	
黄　洪		化学 6、物理 6、博物 3	44	
王本伟		国画 9、体操 8	50	
蔡　伟	书记		24	
吴哲文	书记		24	

3. 学生情况

女蚕校的学生自 1912 年建校以后，从第一个学年的 96 人，逐年增加（参见下表），到 1916 年，在校学生人数增加了近一倍。各年级人数分别为：预科 60 人、一年级 50 人、二

① 据《江苏省立各学校教职员薪水一览表》所制，《江苏教育行政月报》1916 年第 4 期。

年级 38 人，三年级 31 人，共计 179 人。同时在 1916 年，女蚕校诞生了第一届蚕科毕业生，共 28 人。

1916 年女蚕校第一届毕业生合影

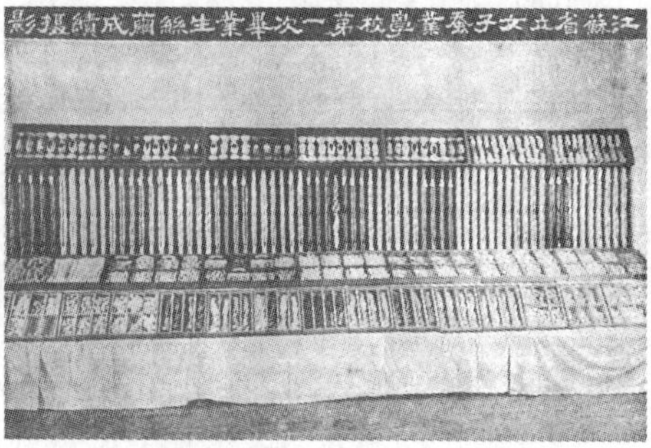

1916 年女蚕第一届毕业生丝茧成绩摄影

1912 年至 1916 年女蚕校学生人数表①

学期年度	学生数	毕业学生数
1912 年 8 月—1913 年 7 月	96	
1913 年 8 月—1914 年 7 月	141	
1914 年 8 月—1915 年 7 月	187	
1915 年 8 月—1916 年 7 月	179	28

从所属地区来看，女蚕校的学生大多为江苏省内学生，以 1916 年新招收的 40 名学生来看（参见下表），其中籍贯为苏州和上海等苏南地区的学生为 37 人，占全部新生的 90% 以上，广泛地分布于苏南各个县市。而苏北地区的金陵道、淮扬道和徐海道总共只有 1 名学生，外省学生也只有浙江学生 2 名。由此，可以看出初创时期女蚕校的招生范围仍然局限在苏南地区，对整个江苏省乃至于全国蚕丝业尚未产生足够的影响。

1914 年女蚕校全体学生合影

① 据《江苏省立学校近五年间学生人数统计表》所制，《江苏教育行政月报》1916 年第 8 期。

1916 年女蚕校新生籍贯人数表①

总 40	地区	人数	地区	人数	地区	人数	地区	人数	地区	人数	地区	人数
金陵道 0	江宁		句容		溧水		高淳		江浦		六合	
	丹徒		丹阳		金坛		溧阳		扬中			
沪海道 11	上海	1	松江		南汇		青浦	3	奉贤		金山	3
	川沙		太仓	1	嘉定	1	宝山	1	崇明	1	海门	
苏常道 26	吴县	11	常熟	2	昆山	2	吴江	4	武进		无锡	1
	宜兴	2	江阴	4	靖江		南通		如皋		泰兴	
淮扬道 1	淮阴		淮安		泗阳		涟水		阜宁		盐城	
	江都		仪征		东台		兴化		泰县		高邮	
	宝应	1										
徐海道 0	铜山		丰县		沛县		萧县		砀山		邳县	
	宿迁		睢宁		东海		灌云		沭阳		赣榆	
外省 2	安徽		江西		湖北		浙江	2	广东		贵州	
	山东		四川		广西		福建		河南			

第二节　女蚕校的新局面

女蚕校转归公立之后，在经费和学校建设上终于摆脱了私立学校所受到的经费和设备硬件的困扰，具备了良性发展的基本条件。然而，此时中国的新式教育正处在各种思想争相展现的冲突时期，有序的教育体系一直未能建立，特别是职业教育体系。当时，“全国中学四百有三所，而甲种实业学校仅九十有四；高等小学七千三百一十五所，而乙种实业学校仅二百三十”②，职业教育与普通教育被人为地割裂，未能发挥其对个人和社会所应有的功效。具体到女蚕校的情形，到 1918 年第三届学生行将毕业之时，前两届毕业生尚未踏入蚕丝行业，学校工作在“进行上万分艰难，荏苒十年，厥效甚微，欲使毕业学生获得相当之职业，殊非易事。而校内同人沉闷已极，良以所教所学为新蚕业，而社会蚕业并不欲革新，亦何怪其格格不相入哉”③！而发出此种感慨的正是日后为女蚕校带来新生，并与之相伴相守半个世纪的新任校长——郑辟疆。

① 据《江苏省立学校第五学年度招收新生籍贯人数表》，《江苏教育行政月报》1917 年第 1 期。

② 黄炎培：《职业教育实施之希望》，《黄炎培教育文集》第一卷，中国文史出版社 1994 年版，第 314 页。

③ 郑辟疆：《省女蚕所负时代之任务及改进》，《江苏教育》1933 年 5 月，第二卷第五期，第 36 页。

1. 郑辟疆出任女蚕校校长

1917 年夏，章孔昭校长从女蚕校卸任，省教育厅委派近代著名教育家、时任江苏省教育厅视学的侯鸿鉴兼任女蚕校校长。短短半年之后，也就是 1918 年元月，郑辟疆正式被委任为江苏省立女子蚕业学校的第二任校长。

郑辟疆，字紫卿，光绪六年(1880)出生于江苏省吴江县盛泽镇。盛泽是江苏地区著名的丝绸之乡，郑辟疆自少年时代起耳濡目染，对蚕丝生产有着深厚的情感。在参加科举考试落第之后，郑辟疆于光绪二十六年(1900)考入了杭州蚕学馆，立志学习先进的蚕丝生产技术，为家乡的蚕丝发展作出贡献。光绪二十八年(1902)，郑辟疆以全校第一名的成绩毕业留校任教。次年，他东渡日本，考察了爱知、群马、长野、静冈等主要蚕区，访问了当时的日本蚕学专家，了解到日本蚕丝业在明治维新后，应用先进科学技术，获得迅速发展。回国之后，郑辟疆先后在山东青州蚕丝学堂、山东省立农业专门学校任教。对比我国和日本蚕丝业发展的巨大差距，郑先生忧心如焚，曾拟就《提倡蚕桑十二条陈》送呈山东巡抚，提出自己关于振兴中国蚕丝事业的办法与主张。后来，他的主张得到了民国农林部的肯定。农林部在对此的批示中表示："所论蚕业政策，颇中窍要，具见学有专长，殊堪嘉尚。现在民国初成，国计艰难，民生重困，首宜注重农政，以培国本。而蚕业一项对外可挽救国家之利权，对内可补助农民之生计。本部筹备伊始，现正极力提倡，以期逐渐推广。所称蚕业可补农家经济之说，见理尤为明确。此外整顿条件、进行方法亦有可采处。"①然而，辛亥革命后的中国千疮百孔，各项事业都亟需革新，民国政府虽然认同郑辟疆所提出的种种建议，却根本无力也无暇实施具体而有效的措施，郑先生改进蚕丝业的全新方案只能束之高阁了。

郑辟疆先生在杭州蚕学馆

① 《本部批山东高等农业学堂教习郑辟疆呈》，农林部编：《农林公报》1912 年 8 月，第 1 卷第 1 期，第 5 页。

2. 办学新方针的确定和校训、校歌

1918年,郑辟疆被任命为女蚕校校长之后,得到了充分发挥其知识和才能的舞台。他根据自己在国内外蚕丝教育和生产实践工作中所积累的经验,明确地提出了蚕丝职业教育不能仅仅局限于学校教育,"省女蚕之培养人才应注意与蚕丝业之现实与联络,使蚕丝业得利用省女蚕以革新其事业,吾所谓省女蚕所负时代之任务与今后之设施者如是"①。

于是,郑辟疆校长上任之初,首先提出了女蚕校发展的新方针,具体内容为:"1. 启发学生的事业思想;2. 树立技术革新的风尚;3. 以自力更生和节约的办法,尽量充实实验设备及实习基地,提高教学质量;4. 坚决向蚕丝业改进途径进军。"②新方针的提出,使学校的广大师生了解了学校的办学目标,明确了前进的方向,从而一扫因前景不明而造成的沉闷局面,为女蚕校的全新发展奠定了坚实的基础。

与此同时,为了振奋学生的事业精神,郑辟疆邀请教育家费迈枢作词,由季镜西谱曲,为江苏省立女子蚕业学校谱写了新的校歌,歌词如下:

宁沪苏常,淮海徐扬,膏腴壤,地利辟蚕桑。
女红无害,农事无伤,实业教育此提倡。
阳山之阳,我校恢张,济济兮乐育一堂。
英才蔚起,成绩昭彰,振振兮名播四方。

经纶天下,衣被苍生,古文明,功业创西陵。
意法日本,继起竞争,挽回利权谁之任?
勤则能进,诚则能成,勉兮哉,校训服膺。
愈研而精,愈振而兴,盛矣哉,日上蒸蒸。③

校歌生动地反映了女蚕校所面临的全新局面,鼓励年轻学生们立足江苏这片丝绸宝地,充分发挥女学生在蚕丝生产领域的天然优势,努力学习,刻苦钻研,秉承"诚、谨、勤、朴"的深刻校训,为中国蚕丝业的复兴而奋斗。

3. 教学工作的新进展

从1918年开始,在新的办学方针的指导下,女蚕校各项教学工作逐渐步入了正轨。在加强学校自身教学工作的同时,学校面向国内外两个方面开展了新的教育进程。

首先,为了更好地普及蚕丝业的新技术和新知识,方便普通群众入学学习,自1918年起,女蚕校开设了养蚕传习科,并根据学习群众的程度分为甲、乙两种,甲种学期一年半,乙种学期半年。第一届招收学生23人,到1923年传习科停办为止,甲、乙两科各招生5届,甲部共招生79人,乙部共招生84人,为普及蚕业知识,为今后蚕丝改进事业的推广提供了经验。

同时,女蚕校选派费达生和郑蓉镜两人前往日本学习先进蚕业知识。费达生进入东京高等蚕业学校学习制丝。郑蓉镜进入上田蚕丝专门学校学习养蚕制种。她们在

① 郑辟疆:《省女蚕所负时代之任务及改进》,《江苏教育》1933年5月,第二卷第五期,第37页。
② 郑辟疆:《浒墅关蚕校对蚕丝事业改进的经过》,《苏州文史资料》第1~5合辑,第265页。
③ 苏州蚕桑学校校史编写组:《苏州蚕桑学校校史》,第3页。

日本不但学习到了先进的养蚕和制丝技术，更加了解到了日本蚕丝教育的先进模式。“这个学校（东京高等蚕业学校）60%的学生成为日本各地国立、公立蚕丝指导机构的技术指导人员，40%成为蚕丝学校的教员或丝厂技术员。毕业生不断把新技术带到下面，又将蚕丝生产中的实际问题反馈给学校，教学和实践相结合，切实地推动蚕丝科学技术的发展。”①此种学习经历为两人回国后在蚕丝改进事业中担当重任发挥了重要作用。而作为女蚕校的第一批赴日留学生，两人的成行也为女蚕校和日本蚕丝业界建立起了良好而久远的互动关系。此后，大批女蚕校学生踏上了学习先进技术的旅途，前后有张娴、童培真、周翊、徐玉文、孙楫、陶若菊、王宝琳、吕瑾、丁纬文、徐飏佩、俞篘黼、庄崇蕊等数十人前往日本留学。同时，女蚕校学生也从日本带回了高级蚕业知识人才，后来为女蚕校技术革新发挥重要作用的日本专家白泽干先生，就是郑蓉镜在日本学习的过程中结识并邀请前来的。

费达生与郑蓉镜

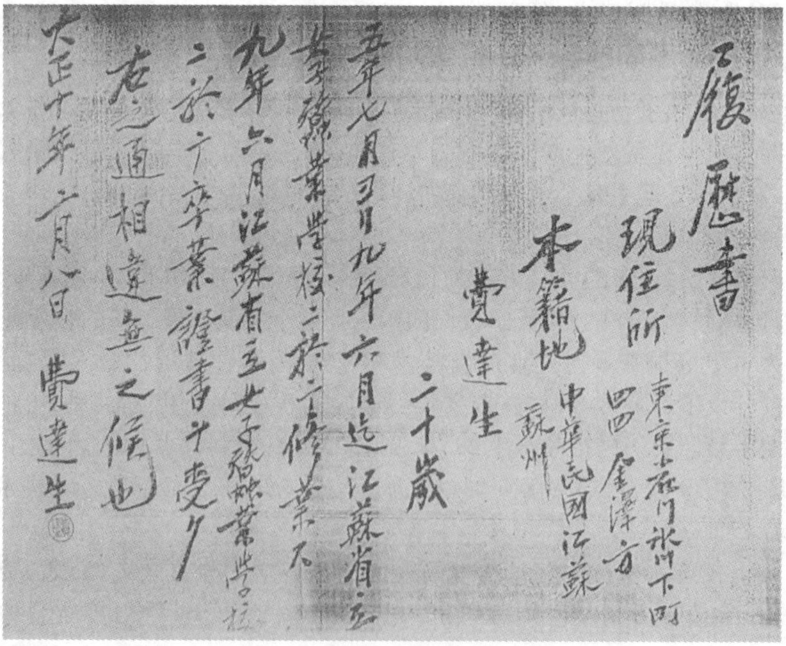

履歷書
現住所
本籍地 中華民國江蘇 蘇州
費達生 二十歲
九年六月江蘇省立女子蠶業學校ニ於テ卒業證書ヲ受ク
右之通相違無之候也
大正十年六月八日 費達生

费达生留日证件

① 余广彤：《蚕魂——费达生传》，苏州大学出版社2002年版，第30页。

为了女蚕校乃至我国蚕丝教育体系能够更加有效地培养蚕丝人才，郑辟疆自1916年起，便在教学过程中将其教学经验与蚕丝生产实际工作相结合，着手编写符合中国自身实际的蚕丝学科教科书，到1920年共编纂了《桑树栽培》、《蚕体生理》、《养蚕法》、《蚕体解剖》、《蚕体病理》、《制丝学》、《蚕丝概论》和《土壤肥料论》等教科书8种，前后重版达10余次之多，形成了我国蚕丝教育最早的有系统的教科书系列。

郑辟疆编写的教科书

1919年，"五四"学生爱国运动爆发，郑辟疆校长亲自带领学校师生上街游行，并发表演讲，反对巴黎和约，抵制日货。女蚕校的师生在郑辟疆校长的带领下，焕发出了全新的精神面貌。面对20世纪风云变幻的中国，她们勇敢地走出校门，在中国蚕丝改进的事业中开始承担起属于她们的角色。

第三节　壬戌学制中的女蚕校

1917年5月，黄炎培在上海成立中华职业教育社。这标志着中国近代职业教育进入了全新的时代。随后，1919年4月，美国实用主义哲学家、教育家杜威来华宣传其实用主义思想，扩大了职业教育思想在教育领域的影响。1921年9月，美国教育家孟禄来华，亲身从事了大量的调查研究工作，并会同中国的教育家们一起制定新的教育系统。1922年11月，在全国教育联合会所提出的学制系统草案的基础上，民国教育部以大总统令的形式正式公布了新的《学校系统改革案》，史称"壬戌学制"。针对中等教育和职业教育，新学制有了全新的规定："中学校修业年限六年，分为初、高两级。初级三年，高级三年，但依设科性质，得定为初级四年，高级二年，或初级二年，高级四年。""高级中学分普通、农、工、商、师范、家事等科……依旧制设立之甲种实业学校，酌改为职业学校或高级中学农工商科。”①

根据新学制的规定，女蚕校从学级设立、校务规划以及学生工作等方面都作出了相应的变化，使得学校可以在全新的职业教育环境下继续前进。

女蚕校门

女蚕学校全景

① 《大总统公布学校系统令》，《中华民国史档案资料汇编》第三辑教育，中国第二历史档案馆编，江苏古籍出版社1991年版，第102页。

女蚕校舍一角

1. 学校体制的变化

新学制颁布之后，女蚕校很快将养蚕科升等为高级养蚕科，确定本科为3年，预科为2年；而原来的传习科则改为初级养蚕科，学制为2年。然而，1924年2月，江苏省教育会于上海召集省立学校校长讨论江苏省校今后五年间概画，对于女蚕校的体制，初步的意见为："女子蚕业学校为四年期之职业学校，用单组制，其入学资格准小学毕业程度，并得视地方需要时，设短期之蚕丝职业科，以一级为限。"①郑辟疆校长认为，此种变更是不利于女蚕校职业教育开展的，其原因在于：

（1）女蚕校在1922年新学制颁布之前就已经有学生五级（本科三级，预科二级），新学制之后，女蚕校现在已经有高级养蚕科三级，初级养蚕科二级，1923年又开设初中程度的蚕丝职业科二级，现一共有七级学生，骤然减为四年期的，学校无法实现。而且从男女平等的原则出发，女子职业学校的等级也应该跟其他职业学校相同。

（2）女蚕校招生的范围定于小学毕业程度，脱离了职业教育，特别是蚕丝业教育本身的实际情况。以小学毕业的质素经过短短三年的学习，是根本无法实现职业教育希望达到的解决个人生计，同时为社会服务这一目标的。加之蚕丝业教育要求必须具备相当的物理、化学以及生物理论知识，然后才能真正掌握有关蚕丝领域的生产技术，知识储备程度过低的小学毕业生，是无论如何也无法适应这一要求的。

（3）女蚕校的学制规划不能仅仅从学校教育的角度考虑。作为职业学校，女蚕校培养学生的目标首先是能够与现实生产环境顺利接轨。只有培养出来的学生能够满足蚕丝行业的要求，才能实现职业学校的办学目的。这就需要女蚕校的学生不但能够切实掌握理论知识，更要尽快地融入蚕丝生产企业、蚕丝管理机关以及蚕丝改良推广机构。要

① 苏州大学档案馆藏：《女蚕》1924年2月26日，第11期。

实现这些任务,女蚕校就必须保持高水平的教育级别。因此,高级养蚕科是必须保留的,学校也不能降等为低级职业学校。

江苏省教育会经过讨论,大致上接受了郑校长的意见,最终确定:"女子蚕业学校,设蚕丝科,二年毕业,以小学毕业而年龄相当者入之。并设高级蚕丝科,三年毕业,以初中毕业者入之。均用单组制。亦得视地方需要,设短期之蚕丝职业科,以一级为限。"①随后,女蚕校因为蚕丝科二年毕业,时间太短,学生的实际经验不能得到足够的积累,要求将蚕丝科的学制延长为三年,并且定名为中级蚕丝科。4月,教育行政委员会同意在蚕丝科之前冠以中级,但学制年限仍维持为2年。

这样,女蚕校从1924年起,正式以高级蚕丝科的名义招收初中毕业生,学制3年;原本传习科(包括甲、乙两部)全部改为中级养蚕科,相当于初中程度,学制2年;1925年原蚕丝科本科最后一届学生毕业,自1913年起培养学生10届,共265人;1923年开设的蚕丝职业科也只招收了1届学生17人,1925年毕业后停办。1924年女蚕校新的招生简章便充分反映了新学制下女蚕校的体制要求:

学额:中级蚕丝科一年级四十名,高级蚕丝科一年级编级生四名。

程度:中级蚕丝科一年级生须年在十六岁以上,高小毕业或有同等学力者。

高级蚕丝科一年级编级生须年在十六岁以上,初中毕业或有同等学力者。

试验课目:国文、数学、英文、自然科。

试验学程:国文:能阅读普通报纸,论文作二三百字,语体文或文言文通顺。

数学:算术习过复比开方,代数习过二次方程。

英文:读过泰西五十轶事或中华英语读本第二册。

自然科:读过商务现代初中物理学、化学、动植矿物学教科书。②

2. 校务工作的改进

新学制确立之后,女蚕校从学校管理、教学活动和师资强化等方面入手革新学校工作,在革新的过程中坚持学校教育必须与蚕丝生产工作相衔接的原则,时刻将改进中国落后的蚕丝生产局面当作推动女蚕校教育工作的根本目标。其中,女蚕校推广部的设立便是最具现实意义的重要举措。

女蚕校校务原分教务、场务、舍务和总务四部。1923年9月,为了"对于养蚕制种制丝家及女子蚕业教育应尽提倡指导贡献受托之义务,特依全省农业组织系统案,设推广部以专司之"③。为了推广工作的易于开展,全部人员均为女性职员。内设主任部员一人,司驻办巡回全部事务,由胡咏絮担任。又配备部员两人,一司助理驻办部务,由许杲担任;一司助理巡回部务,由张兆珍担任。这三位推广部负责人员均为女蚕校之优秀毕业生。同时,为了配合推广部事业的开展,女蚕校特别组成由校内蚕学专家参加的推广事务会议,每月开会一次,以协助解决推广部在进行推广事业中所面临的各种问题。9月12日,郑辟疆校长召集推广部部员先行召开了筹备会议,确定了推广部的章程。章程中

① 《江苏省立学校今后五年概画》,见蒋维乔:《江苏教育行政概览》,商务印书馆1924年版,第85页。

② 苏州大学档案馆藏:《女蚕》1924年6月6日,第13期。

③ 苏州大学档案馆藏:《女蚕》1923年10月20日,第7期。

规定女蚕校推广部的业务范围包括以下等方面的内容："关于蚕业上重要问题之巡回演讲；关于蚕业上新器、新技术新产品之巡回展览；关于蚕业利弊之调查；关于蚕种事业之视察；关于蚕业改良之鼓励；关于养蚕等实地巡回指导；关于蚕业事项询问之答复；关于蚕业事项之受托；关于蚕种、桑苗、蚕具之分配介绍；关于春蚕改良之巡回传习；关于土丝改良之巡回传习；关于蚕种经营之示范；关于工业制丝改良之传习；关于女子蚕业教育之发展。"从中可见，女蚕校推广部的事业将会涉及蚕丝行业的各个领域，其任务之艰巨，影响之深远也是可以预见的。对于推广部的具体工作内容，将在后文蚕丝推广事业的发展中详细叙述。

推广部的成立，将女蚕校的学校教育与蚕丝改进事业联系起来，同时也为学校经费增加了支出。最初，推广部计划每年经费预算为 1 300 元，随着推广事业的不断扩大，此项预算必定还将增加，而新学制确立之后，民国政府并没有增加职业学校的经费预算。因此，女蚕校在自力更生增加学校收入的同时，也从内部管理上入手，严格控制学校经费的使用，同时根据江苏省教育会的安排，在学校设立了学校决算审查会。最初，女蚕校的学校预算决算册在书记室誊写时，允许全校师生查看。自 1923 年，起女蚕校改变经济公开的方式方法，组织女蚕校决算审查委员会，并将审查之后的学校预算决算册张贴在校门以示公开。学校决算审查委员会每年进行改选，所有审查员均要重新组成。1924 年 1 月 16 日下午，女蚕校召开全体教职员会议，对决算审查委员会进行第一次改选，选出审查员邵申培、史杏瞻、费达生、朱澹如、黄轨理、费迈枢、张象飞等七人为审查委员，并推定邵申培为审查长，完成了学校经费管理新形式的首次运行。

3. 教师与教学

女蚕校在新学制后开办了高级养蚕科，对于课程的教学要求更加严格，而为了能够培养出有益于蚕丝改进事业的合格学生，女蚕校对教师聘任工作也更加严谨。虽然由于教师薪酬仍然偏低，致使许多教师流失，但学校的教学质量并没有因此而受到影响。例如：1923 年暑假后，原本负责蚕丝专业课程的杜翊云、毛振华均因转任实业界活动而辞去了学校的教职，学校立即聘任邵申培及童桢接任教学岗位。其中，邵申培系杭州蚕校毕业，长时间担任江苏省立蚕桑模范场主任技术员，1922 年又在江苏省立第二农校担任蚕桑主任教员，具有丰富的蚕丝理论教学和蚕业改进实践经验。此外，又添聘俞起亚担任英文、法书、经济等科教员，费达生担任日文教员，朱澹如担任国文和地理教员。俞起亚出身于东吴大学文科，后毕业于北京法政学校。朱澹如毕业于北京女子高等师范学校，曾经担任福建集美学校教员。同时，女蚕校为了能够紧跟世界蚕丝业发展的脚步，积极争取从日本聘请有经验的蚕丝界人才参与学校的教学工作，其中，学校园艺专业的教员即为日本千叶园艺专门学校毕业的是其稼。当时，是其稼还担任着江苏省立第二农校的园艺教员。而 1926 年，学校更是聘请日本蚕丝专家白泽干深入参与了学校的教学和蚕丝改进工作。

白泽干，明治二十九年(1896)出生，1918 年毕业于日本长野县上田蚕丝专门学校，后留在学校蚕丝研究室进行蚕种改良的研究工作，并同时担任上田原蚕种制造所技术员。1921 年，女蚕校留学生郑蓉镜在上田蚕丝专门学校学习期间结识了白泽干，回国后向郑辟疆校长推荐其在制种方面的深厚学识和经验。于是，郑辟疆便致书邀请。1926 年 4

月，白泽干抵达女蚕校，便马上投入到教学和蚕丝推广活动中来。到1928年5月，白泽干离开学校。他主要帮助女蚕校做了两件事情：一是创建天然冰库，试行冷藏盐酸孵化的人工孵化方法，使中国出现了第一座用于蚕种改良的冰库，进而使得女蚕校可以在1927年开始大规模地推行秋蚕饲养工作，将中国的蚕种改良事业推进了一大步；二是厉行蚕室、蚕具消毒和母蛾检查，减轻了蚕病的威胁，并使养蚕消毒的习惯深入到每个女蚕校学生的心中，进而推广到所有蚕丝改进区。

日籍教师白泽干在女蚕

女蚕天然冰库

母蛾检种 1

母蛾检种 2

为了进一步加强教学质量，女蚕校不但保持师资方面的高质量，更通过多种形式的教学活动提升学生的学习效果。这些活动既包括教学中的严格督促，也包括寓教于乐的新形式。

1923 年 8 月 31 日，为了强化旧学制下最后一批毕业生的学习质量，学校召开教务会议，决定变革学校的考试方式。具体内容为：

（1）增加考试次数，旧制本科及职业科每年考试四次，第一、三次测试一个半月内所授之课，第二、四次测试三个月内所授之课；预科每年考试六次，第一、四次测试一个半月内所授之课，第二、五次测试三个月内所授之课，第三、六次测试四个半月内所授之课。

（2）改良考试方法，所有考试进行期间均不停课，也不再预示考试范围，时间以一小时为限,考试方法不作统一安排,由各科教员自行酌定。

(3)对考试成绩不良的学生进行批评警告。要求教师对每次考试成绩在一到两周内评定完毕,遇有成绩不良的学生,由任课教师进行教育和引导,帮助其改善成绩。

考试次数的增加以及形式的变化,并没有给学生们加重负担,而是更大地激发了学生的学习兴趣。在随后进行的预科二年级国文科第二次考试中,教师改变形式,进行默读测验,限30分钟,结果成绩良好,以荣静贞同学为最优,而这些参加测试的学生平均年龄只有17岁。

在课堂教学之外,女蚕校更为学生们开展了多种多样的课外活动。这些活动不但能丰富学生们的日常生活,更为其将来参加到蚕丝行业的改良工作产生了潜移默化的影响。自1923年起,女蚕校组织了学生演说联合会,定期举办演讲比赛,鼓励平时温文尔雅的女学生更加勇于说出自己的想法和观点,为她们在日后面对普通群众宣传先进蚕丝理念和技术的推广工作积累了经验。同时,女蚕校组织学生阅书部和书画研究会,利用学校有限的资源尽可能地扩大学生的知识视野,陶冶学生的身心修养。学生们也会自己发动起来,自发捐资购买书籍,加强自身的学习。

1923年9月1日,日本发生了里氏8级的关东大地震。女蚕校的学生们马上响应省立学校联合会的倡议,踊跃捐款捐物,通过上海中华教育团日灾救济会直接将爱心送到日本汇送灾区。据统计,全校共筹集捐款银五十五元四角,其中教职员工捐款三十九元七角五分,各级学生捐款十五元六角五分。捐款数量虽然不多,但广大学生在献出了自己一份爱心的同时,也经受了一次认识生命价值的身心洗礼。在众多的课外活动中,女蚕校还形成了一个传统,那就是每届即将毕业的班级,都会由学校组织前往附近地区进行参观旅游活动,而这种旅游并不是简单意义上的游玩,他们的目的地一般都是西湖蚕校、杭州纬成公司丝厂部、江苏省立第二农校制工实习及丝织模范工厂、昆山蚕业竞进社等蚕业学校或蚕业改进机关和蚕丝业的先进企业。通过在不同地点的参观,学生们可以在进入蚕丝战线之前就对蚕丝行业的不同领域有更加直观的认识,在走上各自的工作岗位之后能够更加迅速地参与进去。这也从另一个方面反映出女蚕校在对待学生工作中的细致和认真。

4. 学生就业的新局面

学生工作历来是女蚕校工作的重中之重,特别是如何能够使女蚕校的学生更加顺利地在蚕丝行业找到自己的位置,既可以充分利用所学推动蚕丝业的改革,又能解决自己的生计问题。在江苏省教育厅派员视察的时候,郑校长提出:"今后教、实、行政宜实行联合,俾毕业生易于从事本业或得服务于公家焉。按农蚕业教育本为改进农蚕业而设,能实行改进农蚕业政策,学生自有活动之地,否则事业不提倡,人才多废弃,农蚕业何由改进乎?"①

新学制确立之初,经过郑辟疆以及广大女蚕校教职员工的共同努力,学校在新的办学方针的指导下,学生就业情况已经得到明显改善。以1923年蚕本科第八届毕业生为例,相当多的学生毕业后进入到蚕丝行业领域,另外有记录的从业学生也大都在苏南地区的女子学校任教。其中,王是议任苏州阊门惠育女校教员,王淑君任常州职业女校教

① 苏州大学档案馆藏:《女蚕》1923年10月20日,第7期。

员，陈毓文任女蚕校助手。还有一些学生选择了继续升学：“吴文安肄业苏州崇道女校，严安言肄业南京美术学校，施敬周、胡世豪肄业省立第五师范理科专修科，蒋湘兰、陶荣娥和前届毕业之陈碧筠、龚遂云均在省立第一师范附设农村师范教员专修科肄业。”①为了能够拓宽女蚕校学生的就业面，郑辟疆也积极帮助学生联系蚕丝机关，以便实现将学校教育与蚕丝改进相联系，使具备先进理论知识的年轻人才进入到蚕丝管理第一线的目标。其中，中国合众蚕桑改良会便是郑先生在20年代初期主要依托的对象。

1918年2月，南京国民政府在上海正式成立了中国合众蚕桑改良会。改良会成立的目的是改良和发展苏浙皖三省蚕丝生产事业，特别是从改良蚕种方面入手，希望能从根本上改变我国当时蚕丝业极度衰落的局面。改良会成立之后，便在沪宁铁路沿线地区设立相当数量的蚕种场，向各地推广从国外进口或者国内自产的优良蚕种，而如此大规模的事业成功与否，关键之处就在于是否有足够的人才得以运用。郑辟疆先生利用这一契机，首先于1923年将女蚕校毕业生所制成的一批优良蚕种提供给改良会，从而取得了他们的认可。随后，在1924年，郑校长亲自与时任改良会监理的葛敬中以及技师费咸迩和何尚平等人接洽，商谈如何促进女蚕校学生更广泛地参与蚕种改良等事宜。郑校长提出两个建议：一方面改良会可以从学校直接收购蚕种，另一方面可以任用女蚕校的毕业生到各蚕种场帮助改良蚕种。经过协商，合众蚕桑改良会同意与女蚕校订立两点协议：

> 1. 担任场务：改良会设育蚕制种场六，六场中苏州场今岁均用本校毕业生办理……刻已聘定华承昭为主任，孙简能、王德贞、冯孝芳、严安言为技术员，并已着手筹办。又南京场添设女子部……刻已聘定同学施毓贞等担任。
>
> 2. 承受制种：毕业同学承受改良会制种一事，前由校长与该会技师接洽，承制毛种一万张，计二十八万蛾，刻正与虎嘐、葑溪等规模较可之各制种所毕业同学磋商办法云。②

由此开始，女蚕校的毕业生得以更加深入地参与到蚕种改良事业中来。其实，女蚕学生通过开办蚕种场来发挥一技之长是早已出现的一种形式了。原女蚕校的毕业学生钱雪焦便在常熟自己经营蚕种场。“本年(1923)饲蚁一两，桑价虽贵，售去次茧后，制种尚得六百张，不无微利可图，兴致不至稍减云。”③而1924年毕业的学生中，又有许多人决定自己开办蚕种场，包括王振华、汪物铭等合组虎嘐蚕种制造所，吴联瑛、严秋虹等合组葑溪蚕种制造所，松江李碧筠、孙蕴辉等开办的蚕种制造所等几处蚕种场。对于由女蚕校学生经营的蚕种场，郑辟疆十分重视，不但定期巡视，查看蚕种饲育及经营情况，而且经常通过信函或者组织学生来校座谈的方式讨论经营蚕种改良事业的经验与教训，强调蚕种业对于普通蚕户利益攸关，经营蚕种不能只看眼前利益，应以信用为第一要务，要从长远考虑，制定循序渐进的经营目标。在同蚕种经营学生的书信往来中，郑先生更加详细说明了蚕种事业与学校教育的关系：

---

① 苏州大学档案馆藏：《女蚕》1923年10月20日，第7期。
② 苏州大学档案馆藏：《女蚕》1924年5月4日，第12期。
③ 苏州大学档案馆藏：《女蚕》1923年12月20日，第9期。

经营蚕业首贵表明目的,教育性质与营业性质截然不同。即营业性质中,养蚕与制种又互异兼营并顾势难圆满。敢贡鄙见与高明一商榷焉:

1. 寻绎来示,似以营利为目的,果尔则不必办学校,因学校为提倡机关,决无利益可获,不如招工养蚕以代传习。

2. 养蚕绝非一年可以学成,但能召集干练工人,由相当人才指挥之,亦可勉强从事(若有素能养蚕之蚕户可招,则结果较好)。

3. 养蚕(兼做丝)与制种,系两种性质,前者宜为副业,有一定范围。初年创办购置器具,在在需款,加以请人指挥,决无利益,非待将来有□□蚕户组合成团,合诸一人担任□,不能获利。后者宜为专业,需有长久计划,完全依据科学方法,设备□行,规模愈大获利愈多。

4. 养蚕做丝设备费以养六百斤茧而兼做丝计算,二百五十元足矣(但房屋在外)。桑园十亩能收桑一百担以上,即能敷用。其余消耗费及工资等约一百五十元(指挥人酬劳在外)。六百斤茧能做五十斤以上之丝,指挥者二人酬劳150元,为期三个月。①

与此同时,1924年学校为了扎实毕业学生的知识技能,专门成立练习部,鼓励毕业学生回校进行练习,练习内容包括蚕业经营及改进之研究、推广事业之练习和检种技术等,练习期为半年。对于回校练习的同学不但不收取任何费用,还当作在校生同等看待,每月发放4元的零用补贴。学校通过此种形式来帮助进入工作领域后的毕业生,使她们可以继续利用学校的优良资源弥补其在工作领域所发现的差距,起到精益求精的效果。

女蚕催青室

① 苏州大学档案馆藏:《女蚕》1924年5月4日,第12期。

女蚕检种室

第四节 女蚕校初期的技术推广

女蚕校作为一所中等职业学校,她的初始目标可能仅仅是实行女子蚕业教育,从而为女子职业的发展作出一定的贡献。但是,在近代中国与蚕丝业密切相关的农、工、商业都处于亟待发展的初创时代,作为中国最早的女子蚕业职业学校,其所需要发挥的教育和社会作用却不能仅限于此。当时的时代要求女蚕校必须将自身的定位确立在"实行女子蚕业教育,以改进蚕业",而她所需要肩负的更加重要的任务则是"培养女性蚕业人才,并促进蚕丝业之改良,以增加社会富力"。只有这两项任务都能圆满地完成,才能使"毕业人才有用武之地,蚕业有革新之望,女子职业亦自随之而发展"。① 因此,在郑辟疆接管女蚕校之后,女蚕校不但在专业教学中不断改善,更将精力逐步投入到对中国近代蚕丝业的改进上,而最先开始进行的则是对蚕种的改良。

1. 原种部与实验部的设立

近代中国自1898年在杭州创办蚕学馆以来,一直有蚕种改良之议。光绪二十九年(1903),在蚕学馆教员嵇侃的建议下,曾经由当时浙江省在杭州长庆寺主办了一次以土种土法与新种新法进行生产试验的比赛,意欲推动政府大力提倡蚕桑。此次比赛虽然以新种新法的压倒性胜利而告终,但仅是昙花一现,并没有对当时的蚕丝业改良产生明显的推动作用。

自1918年起,女蚕校鉴于培养学生与蚕业改进是分不开的,便开始鼓励毕业生经营新蚕种业。但女蚕校于1920年扩充实习生产时,由于蚕种保护不周,致1921年发生了蚕病。值得庆幸的是,当时学校在教学上重视理论与实际结合,已具备了原蚕种培养的各

① 郑辟疆:《省女蚕所负时代之任务及改进》,《江苏教育》1933年5月,第二卷第五期,第36页。

种措施，并且在实习生产技术上也通过此次蚕病的发生而大加警惕，所以虽然拖延了一年的事业进程，但由于吸取了经验教训，使得在蚕种培育和保护等技术环节上获得了进一步的经验，对今后蚕种改良事业的发展也算是大有裨益。

随后，学校于1921年设立了原蚕种部，生产原蚕种与原原蚕种，备自用和各种场采用，以供新蚕业发展的需要。1922年，“由壬戌馆蚕种示范场首先采用十张，每张缴价一元，以为提倡，经饲养证明，成绩显然良好，是为我国原蚕种问世的第一二朝”。[①] 女蚕促成新蚕种业，目的是在生产优良蚕种，故于提倡之初期，特订《女蚕同学经营蚕种业须知》[②]，以便更好地管理和协助女蚕校毕业学生在社会上推动蚕种改良工作。而蚕种部设立之后，面对近代中国，特别是苏南地区广大的蚕丝产地，新蚕种的推广应用工作马上被提到了新的蚕业改进计划中来。

女蚕原种部

女蚕试验部

① 郑辟疆：《浒墅关蚕校对蚕丝事业改进的经过》，《苏州文史资料》第1~5合辑，第267页。

② 具体内容参见附录3《女蚕同学经营蚕种业须知》。

2. 蚕业推广部的蚕种改良工作

1923年春,经过蚕种部的初期工作,新蚕丝业的开展已显露端倪,女蚕校的毕业生和在校生等相关技术人员都已经具备了相当的经验。学校随即决定于1923年9月组织推广部,这就成为女蚕校进行蚕丝改进计划的新起点。推广部成立后,在辅助蚕农的指导工作中,新蚕种的优越性日益显著。于是,蚕农对新蚕种的信赖度大为增强,与优良蚕种生产的互相配合也日益加强,为蚕种改良的进一步实施奠定了基础。

女蚕推广部

新种业在初创时期,如何平衡产销是最为困难的问题。推广部一方面提倡生产,进而随时分派技术人员赴各种场视察,使各场合理生产,以保证蚕种质量的稳步提高。另一方面,在对蚕农的指导中,将合格蚕种慎重地推荐给蚕农,使供需相互发展。与此同时,女蚕校因为育种学上需要施行蚕种冷藏,以控制蚕卵发育的时间,先于1911年建成一座小型冷藏库。至1925年,因为委托冷藏逐渐增多,同时又要发展秋蚕生产,所以特向无锡乾牲丝厂贷款,改造冷藏蚕种用的大冰库,以备新种业初期的共同贮藏。1926年春,女蚕毕业生及镇江职校所办的12个蚕种场生产的蚕种数量已达54 092张,连同女蚕、壬戌、大有等种场的生产量,共达10余万张。1927年介绍春用种已达54 000张,新蚕种需要方面已远过于生产,介绍新蚕种的目标圆满达成,遂于1930年后便不再开展介绍蚕种的工作。

女蚕校在介绍新蚕种的过程中,并不仅仅把工作局限在蚕种介绍之一处,而是从蚕农本身的需求出发,尽可能地从各个方面保障蚕农的利益,以便从根本上推进蚕丝改良事业。首先,女蚕校在土种改良工作中,重视蚕母体传染的微粒子病,特设蚕种镜检室,以消灭病毒。这一工作,在1926年前,由女蚕校场务部负责施行,1927年起由推广部负责办理,规定:"凡委托代检的,先以委托总数的十分之一行部分毒率检查,分组计算(每组500张),毒率不满百分之一的,这一组可以免除普通检查,否则,全部检查,检查时分初检、复检两部,对毒率检查时,不论有毒无毒,都行复查,对普通检查时,仅以无毒的加以复检。"①

另外,女蚕校在推广新蚕种的过程中注意到,普通蚕农育蚕是必须依靠借贷蚕本的,尤其是吴江等蚕多叶少的地区情况更为明显,因此高利贷盛行于蚕区,盘剥蚕农。女蚕校推广部为了帮助蚕农摆脱此种剥削,特以技术为信用,为蚕农介绍银行贷款,并要求银行减低利率,并派遣指导员协助各蚕户自行核定需要贷款,先行登记,售茧后再如数偿还。经过几年的推行,这一工作造福了广大蚕农,女蚕校在蚕农中获得了巨大的信任,为今后的推广工作提供了便利。

在推广技术的同时,女蚕校也认识到,解决普通蚕农对蚕学基础知识缺乏的问题,是蚕

① 郑辟疆:《浒墅关蚕校对蚕丝事业改进的经过》,《苏州文史资料》第1~5合辑,第269页。

业改良工作持续发展的重要保证。由此,女蚕推广部特于农闲时举办农村妇女工读班和稚蚕共育技术训练班,以提高农民的知识和技术,并编写通俗易懂的教材以便蚕农掌握。这些新教材一般包括《识字读本》1 册、《养蚕大要》2 册、《上簇须知》1 册和《消毒法》1 册,内容为通常应用之文字及普通常识,栽桑、催青、饲育上簇的知识,上簇之注意事项以及乡间实用之各种消毒法。此种知识普及教育的开展,将女蚕校的蚕业改进教育推广到广大的普通蚕农中间,真正实现了新时代的职业教育应该发挥的教育作用,其起到的示范作用不但在以后的女蚕校推广工作中被广泛使用,更成为其他学校和行业效法的先进方式。

1927 年春,女蚕继续试制交杂春种和秋种,经农村试养,成绩特优,即于本年正式制成交杂种 3 547 张、秋蚕种 5 023 张,蚕农和丝厂均大为欢迎,新蚕种业因此又迈进了一步。同时,各地种场亦如雨后春笋般不断涌现,尤其以大有蚕种场和合众蚕桑改良会所办的镇江蚕种场发展比较迅速。至 1930 年,全省生产春秋蚕种已达 140 万张;至 1936 年,达 285 万张。至此,新蚕种业显然已在蚕丝事业中占据重要的位置。

1930 年,国民政府开始注意新蚕种业,同时女蚕对毕业生所办种场的各项辅导,虽仍在勉力进行,但由于新蚕种业发展迅速,在事业上日见复杂,尤其是对蚕种培育的视察和检查,已经发展到需要国家通过法律手段加以管理的地步,因此,郑辟疆于 1930 年初,商请当时的江苏省政府农矿厅开始施行蚕种取缔工作,以保障新蚕种事业继续得以在更加广阔的层面上安全有效地开展下去。厅方同意后即派秘书刘新锐主持筹办,组织技术人员,订出《江苏省蚕业取缔法规》,并宣布成立江苏省蚕业取缔所,颁发各项法规,禁止蚕种自由买卖或转让,实施对蚕种进行统一配发、统一价格、统一检验的统制管理,并在 1930 年秋开始施行蚕种检查。于是,女蚕对部分种场的视察检查始告一段落,而江苏省各种场也就正式进入法治下的生产阶段。

3. 蚕业推广部的土丝改良工作

在推动蚕种改良的同时,女蚕校也一直把土丝改良工作放在相同的位置上同步进行。1923 年,女蚕校决定土丝改良工作首先从学校附近的吴县和震泽两地入手,其中吴县凭借其传统的土丝生产习俗而成为女蚕校推广的重点地区。

1923 年 12 月 12 日,女蚕校邀请苏州云锦公所、丝业公会、铁机公会、文锦公所等团体代表十余人来校参观制工实习,同时组织开会研究吴县土丝改良计划。当地的蚕丝团体认为,吴县虽然自古以来就是产丝之区,但近代后大量茧行进入此地,收购蚕户手中的成茧,而广大蚕户为了获得利润,规避缫制土丝所带来的成本风险,也都主动将蚕茧大量出售给茧行,致使吴县地区的土丝产量还不及清代繁盛时期的一半。当时,只有香山、光福、西华一带的土丝尚能作为丝织原料,用于缫丝,而其他如洞庭东西山及无锡境内之梅村、荡口等处蚕户中缫制土丝的家庭已经不到以前的十分之一。而且即使是蚕户愿意缫制土丝,又因为土丝质量优劣不等,根本无法满足丝织企业的生产要求,销量也持续下滑,如果不抓紧时间进行土丝改良工作,吴县地区的土丝产业很可能趋于消失。而女蚕校决定推行的土丝改良计划如果能够成功实施,那么,不但高质量的土丝可以为普通蚕户带来不菲的收益,更可以为丝织企业提供优质的原材料,以此形成相互促进的良性循环;不但普通蚕户和丝厂机工的生活能够改善,整个吴县地区的蚕丝行业也能起死回生,重振以前的繁盛局面。

根据当地蚕丝业者的建议，女蚕校当即决定首先开展学校附近地区的推广计划，以便土丝改良计划逐步展开。在学校附近的计划包括：

1. 改良浒关附近乡民种桑太迟之弊，本年(1924)特分送桑秧三千株；2. 为改良浒关附近养蚕制丝计，分送蚕种二百张，并拟于三月间招集就地素能缫丝之女工于短时间内学习改良缫丝法，将来特制改良丝车十具借给各人试用；3. 为推广改良饲育新法起见，本年(1924)蚕期内拟雇佣附近女工若干人，指挥饲育藉代传习。①

1924年2月，女蚕校还在学校组织展览蚕丝、茧种及蚕具等模型，并讲演养蚕、制种、制丝、栽桑等生产中可能出现的各种问题。她们先期将入场券分送到附近蚕户的家中，邀请他们前来观看。展览开始后，前来参观者达到400余人，演讲之后还由费达生等教员亲自示范改良丝车的缫丝技术，便于附近蚕户尽快掌握此项先进的缫丝技术。

女蚕校在震泽方面的土丝改良推广计划也是当地蚕丝改良计划中的一部分。1923年1月，女蚕校推广部前往震泽地区示范各项先进蚕丝生产技术，在与当地共同组织蚕业指导所之后，土丝改良便成为蚕业指导所进行的重要工作之一。在建立蚕业指导所期间，当地公所便提出了建立蚕丝改进社的计划，希望一边进行蚕种饲育的改良，一边传习缫丝改良。女蚕校结合当地情况和学校实际，提出了自己的预算和具体计划，经过当地议会讨论并通过，于1924年开始逐步实施。

1924年春，由女蚕校与震泽市公所合组的蚕丝改进社在开弦弓村正式开办。改进社一方面负责本地区蚕户的消毒育蚕工作，另一方面进行缫丝技术的推广工作。改进社的工作不但使当地"领受稚蚕之各蚕户成绩亦均优异，茧质之佳、茧量之丰为历年所未有"②，而且传习缫丝工作也吸引了当地蚕户近20人入社练习，她们的缫丝技术也随即进步神速。对于女蚕校本身的改良丝车造价昂贵，不能很快在当地普及的问题，女蚕校在建议当地蚕业团体集资购买、轮流使用的同时，免费接受学校附近的蚕户入校直接学习，以期最大范围地实现土丝改良的新计划。

4. 各地蚕业指导所的建立

1923年，女蚕校推广部成立后，为了更好地向广大农村地区推广新式的蚕种培育和养殖技术，女蚕校决定在不同的地区直接设立蚕业指导所，以便就地开展蚕业指导工作，亲临蚕农身边帮助他们解决在实际工作中可能随时碰到的技术难题，从而将蚕业改进的成果进一步深化下去。但是，近代中国的农村，由于长时间与城市隔阂，城乡关系处于完全不信任的状态，加之几千年封建传统习惯的影响，对于任何变革都可能产生非常强烈的抵触，这将是女蚕校在广大农村蚕业改进工作中首先必须面对的问题。根据此种情况，郑辟疆决定首先搞一场宣传活动，让广大蚕农先在感性上认识到新式蚕业生产的优点，从而将农村的蚕业改进引入到良性的发展轨道上来。同时，根据在农村开展工作可能碰到的具体问题，女蚕校还制定了保证农村蚕业改进工作稳步开展的几点原则：

甲、指导以达到蚕农自动为目的；乙、不涉地方纠纷，不令蚕农增加负担；丙、注

① 苏州大学档案馆藏：《女蚕》1924年1月20日，第10期。
② 苏州大学档案馆藏：《女蚕》1924年6月6日，第13期。

意蚕农经济及地方风习，作工作上的参考；丁、改革要先有实际证明，不能强求接受；戊、尊重蚕农原有技术上的优点。①

1923 年秋，女蚕校决定将农村蚕业改进工作向江苏吴江农村地区推进，并将工作的第一站确定在了震泽，商请吴江地方人士费璞安先期进行介绍工作。

之所以将蚕丝改进工作的第一站选在震泽，是因为震泽与浙江之南浔毗连，是江苏蚕丝业的繁盛地区。该地区不仅养蚕制丝，更兼以土丝翻成辑里干经，行销国外而享有盛名（辑里属浙江，毗连震泽，故震泽之丝亦享辑里之盛名）。同时，震泽还有华织工业生产，所产绉纱仅次于湖绉。另外，震泽蚕农生产的土丝皆由震泽镇之丝行收购，丝行复以合格之丝发给附近农民翻成干经，运到上海出售。由此可以看出，震泽的蚕丝业既有蚕桑，又做干经，并有织绸，包括了蚕丝业中的各个环节，具有相当强的典型性，因此成为推进蚕丝业各个环节改进的最佳选择。加之震泽镇之商业极其繁盛，而高利贷剥削之盛也最为严重，蚕农深受其苦，在此处推进新式蚕丝生产事业，可以救蚕农于水火之中，让他们切身感受到新蚕业的好处，从而对其他地区显现出示范和指导的价值。

此次宣传运动，由女蚕推广部主任胡咏絮带领费达生、许皋、张兆珍等人具体负责，1922 年秋就开始着手筹备，经三月之久，所有蚕桑、丝茧、蚕种，以及蚕室、蚕具和丝车等标本模型、实物图表浅说等均已就绪，于 1922 年 1 月 2 日出发，由郑辟疆校长带领，携带展览品，向震泽进发。

抵达震泽之后，他们首先与当地各界人士举行会议，决定先在双阳、开弦弓、八都、严墓、吴淡、大庙港等处进行宣传活动，所到各处均以村镇庙宇的大殿或小学校之课堂作展览场所，利用戏台或门板架台作讲台。开始先由郑辟疆校长进行演讲，之后招待群众进行参观。他们每到一处，都得到了蚕农的热烈欢迎。蚕农在参观后都称新式养殖方法值得学习。其中，在双阳宣传的时候，女蚕学生们根据当地的地理条件，决定将改良丝车置于船上作实际缫丝技术的示范表演，在河中且行且缫。此种新颖的宣传形式引起了两岸蚕农的极大兴趣。此次宣传运动，每处两天，共计两周。等到返回震泽之后，复与地方人士开会讨论，汇报经过情况和所见到的地方经济现象，并指出“开弦弓村，农民贫富相差不多，领袖人是小学校长陈杏荪，条件较好，建议事属创举，其成功与否，于地方条件大有关系，开弦弓村似可落子，在座者均以为然”②。当即议定于 1924 年在开弦弓村开办蚕业指导所，指导经费为 1 200 元，由该镇与女蚕校各负担一半。于是，女蚕宣传队伍胜利返校，并紧接着着手制订具体的计划和实施步骤，以便这第一个蚕业指导所能够成功确立下来，以奠定对蚕农进行指导的基础。为此，女蚕校从开弦弓村蚕业指导所设立之初，便从各个方面严格进行指导，使其真正成为今后工作开展的模范标尺。

（1）蚕病防治方面。一直以来，蚕病都是我国近代蚕农最为可怕的敌人。蚕的病毒，一般都会遗留于蚕室、蚕具、蚕蔟等处，以致辗转传播，连年发病，甚至出现过全区发病的严重情形。即便是比较进步的养蚕区域，虽有清洁的好习惯，但远不足以使病毒消灭与预防，且在土种时代还有随蚕种带来的病毒，所以在 1924 年以前，农村的蚕病是严

① 郑辟疆：《浒墅关蚕校对蚕丝事业改进的经过》，《苏州文史资料》第 1～5 合辑，第 276 页。
② 郑辟疆：《浒墅关蚕校对蚕丝事业改进的经过》，《苏州文史资料》第 1～5 合辑，第 277 页。

重的。所以,女蚕校将对蚕农指导工作的第一步放到重视养殖过程中的消毒工作上来。从1924年开始,蚕业指导所在开弦弓村展开蚕病消毒工作,各蚕业指导员皆大声疾呼地警告蚕农:"蚕病可以毁家,消毒可以丰收。""消毒方法以下列四种并行:(一)清洁与日晒;(一)蚕室蚕架用汞或漂白粉等药品消毒,至少用生石灰块化为浓汁而用之;(一)蚕箔蚕网用高温蒸气消毒,使用锅炉或特筑消毒灶均可;(一)共同催青室与稚蚕共育室,关系集体得失,更加用福马林消毒。"①由于宣传措施的到位,引起了当地广大蚕农的重视,因而一呼百应,各乡都筑起共同消毒灶,每到蚕期前,各村皆以木船满载蚕箔,前往消毒,晴天则家家把蚕具搬在屋外,彻底清洁后再行消毒。各蚕业指导员亦以战地红十字会员的精神,天天到各户,件件过目,甚至亲自帮助消毒。自消毒盛行及土种革命以后,蚕病日见减轻,蚕种毒率亦显然下降。

在这里,我们必须着重提到各蚕业指导员的辛苦工作,特别是蚕业指导所的农村指导员,他们对蚕农的指导工作,是随时举行集体商讨或分别协助,自养蚕开始至结束,风雨无阻,逐日在各蚕户之间巡回指导,在共催共育之期,对初创的团体,则驻现场而负责指导。"回忆指导员在风雨时期,足穿钉鞋奔波于独木桥与泥泞的田岸之间,夜间还要填报表,真是刻苦耐劳,直至蚕农的蚕茧丰收之后,始各欣然色喜,而告一段落。"②

(2)蚕种催青方面。以往蚕农的蚕种催青工作都是各家各户独立运作,并且一直沿用着把蚕种置于怀中保暖的古老方法。此种方法无法为蚕种催青成功提供稳定的保证,反而会影响蚕种的发育。自1924年推广部在开弦弓设立蚕业指导所以来,便开始提倡共同组织,进行集体的、安全的、有技术指导之下的催青,使得原本毫无保障的催青工作变得既便利又安全。但限于当时女蚕校和所指导的各乡村的条件,女蚕指导所在倡行共同催青时,没有办法在各处都建立专门用于催青的共同催青室,只能由蚕业指导员协同择定当地的适当房屋,予以周密的布置,使之能既保温而又通气,经过仔细清毒,然后投入使用。而对于一些距离女蚕校较近的指导所,学校便在校内组织大规模共同催青室,等到蚕种孵化时,再运入农村分发。这一方面可更加安全地实现蚕种催青工作,另一方面,也给女蚕校的学生提供了直接参与蚕种催青的实习机会,实在是一举两得的高效措施。

(3)稚蚕饲育方面。养蚕的成绩,以稚蚕饲育为关系最大,也是最需要技术指导的环节。蚕业指导所于1924年在开弦弓村创行稚蚕共育,经过一段时间的试行,由于其安全并且经济,因而得到了广大蚕农的认可。在施行上"由指导员协同社员订定出桑叶自理等办法,并择定适当房屋,加以仔细消毒而后用之,共育之时期,以三龄为止。稚蚕共育时期,几达全龄之半,四五龄蚕比较容易处理,短短的后半期,尽可聚精会神而饲育之,故稚蚕共育为丰收之基础"。由于稚蚕共育是最需要技术的环节,女蚕校为了蚕农能够及时解决各类问题,要求各蚕业指导所先期开办稚蚕共育训练班,以提高蚕农的共育技术,保证稚蚕饲育工作的顺利完成。

以上各项工作的顺利开展,为女蚕校在蚕业指导所的开办方面取得了宝贵的成功经验,也使女蚕校在当地蚕农心中得到了巨大的信任,从而保证了蚕业改进工作得以继续

① 郑辟疆:《浒墅关蚕校对蚕丝事业改进的经过》,《苏州文史资料》第1~5合辑,第278页。
② 郑辟疆:《浒墅关蚕校对蚕丝事业改进的经过》,《苏州文史资料》第1~5合辑,第279页。

深化。其后,女蚕校推广部根据各地农村工作的不断深入,在任何需要的地区随时增设蚕业指导所,直属于学校推广部,每所设指导员若干人。各地蚕业指导所初办之时,先以组织蚕农集体入手,称蚕业改进社,从事共同消毒、共同催青、稚蚕共育等项工作;其后组织之风渐盛,便依其事业之性质成立各种合作社,或合作社联合社,不再称改进社。对于蚕业指导所多的区域,或设办事处,以联络和策应;或设中心指导所,以分负协助之责。等到各地的蚕业指导所办到可以由蚕农自己承担,或另成统属的时候,则易地进行,如其后发展的无锡之洛社、吴县之光福等,均是按照此种办法建立的。但吴江之震泽、吴县之旺米山,作为女蚕校学生之农村实习基地,被设定为固定的蚕业指导所。旺米山指导所专致力于提高蚕种质量,震泽指导所致力于普及蚕业常识和制丝及共同干茧等工作。

养蚕推广工作 1

养蚕推广工作 2

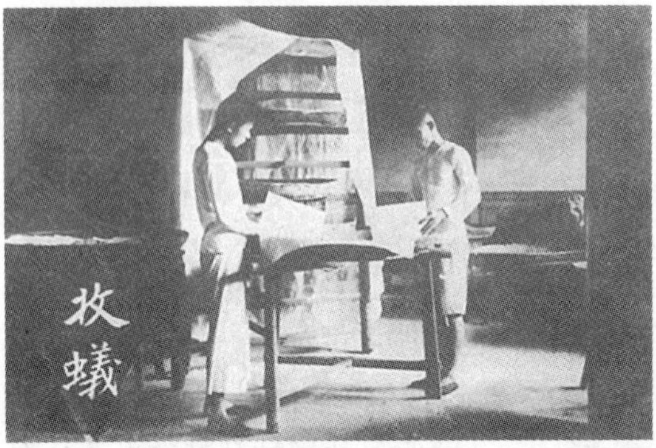

养蚕推广工作 3

养蚕推广工作 4

养蚕推广工作 5

养蚕推广工作 6

5. 组织蚕农集体销售蚕茧

在新式蚕业养殖等工作取得一定成效之后，随着女蚕校蚕业指导所得以发挥功效的区域不断扩大，女蚕校也把蚕丝改进事业推进到了下一个重要环节——蚕茧销售环节。

近代中国的蚕农不但在蚕种养殖环节没有集体性的组织，在蚕种成茧后的销售环节更是各自为战，如此的松散态势不但给本就生活贫困的普通蚕农带来了巨大的困扰，也使得其后的蚕丝加工环节无法取得质量上的突破。一方面，普通蚕农需要在长途运输和排队拥堵上花费大量的时间与精力，而茧行则利用鲜茧收购时间短暂的特点，任意压价欺诈，并在收购时利用各种手段克扣蚕农辛勤劳动所得的果实，使得蚕农即使在蚕茧丰收的好时节也无法得到好的回报，从而打击蚕农再次投入生产的积极性；另一方面，由于蚕茧是从各个蚕农那里零星收集而来的，其质量难免参差不齐，进入缫丝加工环节之后也就无法加工出质地优良、规格统一的优质生丝，从而使得中国的生丝逐渐失去了国际市场的竞争力。为了改变上述状况，女蚕校根据各地蚕业指导所取得的经验，认为蚕农既然可以有组织地进行生产，就可以有组织地销售产品。于是，女蚕校在1925年蚕业指导所扩及卖茧区域时，开始在蚕农中提倡鲜茧共售，在各合作社提倡设置评茧台，使社员交茧时得到对各自鲜茧的合理评价。等到共同出售时，由蚕业指导员协助介绍丝厂。这样既缩减了运输和茧行收购等中间环节，使蚕农得以节省大量成本，而丝厂方面又可以得到大宗质量统一的优质好茧。不过，在此项工作刚刚开展之时也遇到了一些困难：茧行方面由于不能再对蚕农进行欺诈，诬指蚕业指导所组织蚕农共同售茧为干涉收购，采取了抵制行为；而工作初创，有时也不能充分做到优质优价，一些丝厂也颇有烦言，有一丝厂老板甚至扬言："推广部的作风，经不起斗争，只要我们放了几秤，合作社就难以存在。"然而，各地的农民经过与蚕业指导所长期的合作，已经清楚地认识到集体组织生产和销售所能取得的利益，因此坚定支持蚕业指导所开展工作，从而使得合作社的组织愈来愈多，合作社蚕茧质量亦逐年提高。在此种形势下，丝茧商人为了自己利益，也不得不争相购买社茧。例如，1930年春，吴县光福及旺米山合作社，由推广部介绍，与无锡永泰、乾森两厂订立特约的鲜茧买卖，照无锡一般茧价，改良茧每担平均提高10元，并参酌光福附近之东渚茧行所收改良茧之平均价，每担至少提高5元，最低价亦以丝码秤60元为标准，共计光福出售鲜茧603担78斤，旺米山13担12斤。

在鲜茧共售的基础上，女蚕校蚕业推广工作更进一步，开始组织蚕农共同干茧。推广部曾对吴县光福之养蚕干茧运销合作社协助建设干茧机，指导干茧技术，烘成干茧后，介绍销售到无锡的玉祁、瑞纶丝厂，或由女蚕实验丝厂代缫生丝，由合作社运沪出售。至1936年，该社的干茧生产能力已经达741担。由于干茧买卖可凭茧质的各项条件，尤其是解舒之优劣，缫折之大小，作出准确评定，以作茧价的依据，所以，组织共同干茧将是进一步拓展蚕农与丝厂双赢局面的重要步骤。以制丝原料言，蚕户自产自烘，工作比较仔细，可使蚕茧的干度适当而匀一，这样，各丝厂既可获得品质优良的大宗干茧，又可减低烘茧加工等诸项费用；对蚕农经济而言，他们不仅可以获得合理的茧价，还可多得加工劳动的收益。

至此，女蚕校的初步蚕业改进推广工作获得了预期的成功，当地的蚕业从蚕种培育、稚蚕养殖到蚕茧销售进而到干茧生产各个环节都实现了由旧式分散生产到新式有组织经营的飞跃，使得女蚕校、蚕农以及丝厂等与蚕业相关的各单位都获得了相当的收益，而一条符合近代经济市场化的蚕丝产业链也开始形成它的雏形，为女蚕校下一步改进事业推广的制丝环节，也为近代中国蚕丝业真正形成有竞争力的良性生产形式打下了坚实的基础。

第三章　蚕校的继续发展(1927～1937)

第一节　大学区制中的女蚕校

1. 校名频繁更迭

1927年4月18日,国民政府在南京成立。25日,国民政府召开会议,任命蔡元培等人为中央教育行政委员会委员,负责国民政府相关教育事务。作为中国近代教育家,蔡元培先生为了革除北洋政府时期全国教育管理混乱、教育部门官僚作风严重等弊端,决定按照其"教育独立"的理念推行新的教育改革。6月,蔡元培提出了仿效法国教育制度,在中国建立以大学区为教育行政单位的动议。7月4日,国民政府公布了《中华民国大学院组织法》,全国的大学区制正式施行。10月,作为全国最高教育行政机关的大学院在南京成立,蔡元培为大学院院长。根据《大学区组织条例》的规定,全国依各地的教育经济及交通状况定为若干大学区。每大学区设大学一所,设校长一人,负责管理大学区内一切学术和教育事项。大学区制开始阶段主要在广东、江苏和浙江三省实施,根据国民政府发展的顺序,分别将广东地区划为国立第一中山大学,武汉地区为国立第二中山大学,浙江地区为国立第三中山大学,江苏地区为国立第四中山大学。因此,江苏省立女子蚕业学校也就改名为第四中山大学苏州女子蚕业学校。

但是,对于将全国各大学区均以中山大学冠名,蔡元培等教育界人士始终持有异议,均认为此种命名方式不但国际上没有先例,而且在国内也因为校名过于相似,容易引起混淆,所以提请各地区大学,除广东保留中山大学的名称外,均以所在地区命名。为此,第四中山大学校长张乃燕专门向大学院呈文,要求将校名变更为"江苏大学"。1928年2月,大学院以165号训令通知第四中山大学改称"江苏大学",并且不必加国立字样。此时,女蚕校也因改称第四中山大学苏州女子蚕业学校后,由于冠有苏州二字,致使"邮电投递及远道来访者多有误会……爰乘此次大学区改名之际呈请行政院,正名为浒墅关女子蚕业学校,以符名实而一视听"①。1928年3月16日,江苏大学颁发指令院字第1023号:"令苏州女子蚕业学校校长:请正校名为江苏大学浒墅关女子蚕业学校由呈悉。该校校名,经本大学行政会议议决,改称江苏大学女子蚕业学校。"②

第四中山大学改名为江苏大学后,遭到了江苏各界师生的强烈反对,他们以"江苏大学"之名不能反映江苏作为全国学术中心,并且不具备代表性为由,要求再次改名,进而掀起了声势浩大的学生运动,给国民政府施加了很大的压力。1928年4月,经多方磋商,

① 苏州大学档案馆藏:《女蚕》1928年4月16日,第34期。
② 《江苏大学教育行政周刊》1928年第33期,第8页。

大学委员会临时会议决定，江苏大学改称中央大学，并冠以国立二字。至此，中央大学的名称得以确立下来，而女蚕校则在一年的时间内第三次改名，更名为中央大学区立女子蚕业学校。

大学区制在实行过程中面对着各种各样的矛盾，各地方教育团体甚至列举出其易受政潮影响、经费分配不公、行政效率低下、大学风潮迭起、易酿成军阀把持之势力等五大弊端。1928 年底，在北京地区推行的大学区制更是受到了异常强烈的抵制而无法实行。面对此种情况，1929 年 6 月，国民党三届二中全会决定停止试行大学区制，江苏省的大学区制则于 1929 年 9 月 1 日停止，女蚕校也随即恢复了江苏省立女子蚕业学校的名称。

2. 办学经费短缺

自 1912 年女蚕校转归公立以来，学校经费相对而言一直较有保障，主要是得益于江苏教育会的努力和江苏省教育经费独特的管理办法。20 世纪 20 年代，江苏教育会为协调江苏省内国立学校与省立学校的经费分配，促成了以税种的划分来确定各自经费来源的分配办法，在当时被称为"国款办国学，省款办省学"。同时，还独立设置江苏教育经费管理处，独立于教育厅和财政厅，独立管理江苏的教育经费。[①] 此种经费分配和管理办法保障了江苏各省立学校经费来源的稳定性。

然而，1927 年南京国民政府成立后，以统一政令为名，将江苏大宗可靠的卷烟特税收归中央，另以江苏田赋收入项下年拨 280 万元作为江苏地方教育经费的补充。7 月，大学区制开始施行后，又造成教育经费明显向大学教育倾斜的问题，江苏省地方中学的经费被严重挤占。作为省立职业学校的女蚕校，在这一时期也受到了经费短缺的困扰。

1928 年 10 月 10 日出版的《女蚕》详细说明了当时学校的经费情况：

> 本校十六年度经费概算三万五千元，因学校增添（十五年度之未呈准中级蚕丝科延长修业期为三年，故十六年度始高蚕、中蚕各三级，较十五年度增多一级）及事业扩张……经费尤感困难，除经常项下购置设备完全停顿外，额支之薪修办公等费月亏四五百元，无法维持。迭请特别变通十足发放，限于通案呈文屡上未获准许。年度终了积欠薪修达四千七百余元，借垫各款又达一千八百余元，复请拨款弥补，俾便结束收支办理决算亦未邀允。最近奉派普教节余款五千二百元，原定用途系修建设备。本校以迭请补助之款既未有着，决算又催造甚迫，不得已复呈请变通用途以一成充假期内校舍修葺费，九成补发十六年度欠薪。另行筹拨五千元充修理楼蚕室建筑调养室，以及补充校具、图书、彝（仪）器购置等用。嗣奉指令准予变更用途，惟续请拨款设备一层因普教部分已无余款，未允招办。刻此项派款尚未完全领到，仅清九月至六月之欠薪，十六年度收支仍未结束，无从编造决算，而修建设备之待款举办者只得俟诸十七年度新预算之扩张，有以弥补缺憾矣。

此时期的经费短缺不但表现在经费预算不足，有时即使是预算中的经费也会因各种原因而不能兑现。例如：女蚕校 1928 年 11 月份的经常费为 2 916 元，江苏省教育经费管理处指定由吴县财务局负责拨付。而 12 月，女蚕校人员前往吴县财务局领款时却只领

① 具体内容参见许小青：《南京国民政府初期中央大学区的试验及其困境》，《近代史研究》2007 年第 2 期。

到1 000元,对于剩余款项,吴县财务局就以钱款虽已到账却没有规定拨付时限为由拖延不付,使得学校当月经费再次无法充足利用。

另外,女蚕校在经费管理方面一直有经济审查委员会监督。从1928年起,根据国民政府新的经济公开条例,学校成立了稽核委员会,继续负责监督学校经费的使用情况。然而,稽核委员会所面临的情况则是“近复奉令催造月报,第事实上经费按八五折发,薪水仍多积欠,支出未完,势难结束月计”①,最后只能呈请江苏省中等学校联合会,申请补发前几个月所积欠的经费,以完成经费使用审查报表的填报。

3. 教师与教师团体

南京国民政府所试行的大学区制,对整个教育界产生了不小的冲击,女蚕校也不例外。为了更好地应对外部环境的变化,女蚕校决定将广大教职员工更加紧密地团结起来,发挥集体的力量,从各个方面帮助学校继续向前发展。其中,最为重要的便是学校教职员委员会的成立。

1927年11月16日,学校以“对内藉联络感情,力谋改进事业之方策;对外为校长后盾,有团结一致之精神”为宗旨召开全体教职员大会,讨论成立女蚕校教职员委员会的相关事宜。11月25日,经起草委员拟就简章草案,筹备就绪,召集全体会员开成立大会,通过简章,票选委员,宣告女蚕校教职员委员会的成立。简章内容如下:

> 1. 本会定名为第四中山大学苏州女子蚕业学校教职员会。
> 2. 本会以联络感情、研究学术、协助本校谋教育之发展为宗旨。
> 3. 本校现任全体教职员均为本会会员。
> 4. 本会设委员七人,由全体教职员于每学期开始第一次大会时投票选举之,以一学期为任期,任满改选,连举者得连任之。
> 5. 委员职务分交际、文牍、庶务、会计四股,交际股三人、文牍股二人,庶务、会计两股各一人,各股办事细则由委员会另订之。
> 6. 委员会由委员中互选一人为主席,大会主席由全体委员会中公推一人任之。
> 7. 会员每学期各纳一个月薪百分之三为本会经常费,一次收缴,如遇特别需要时由临时大会议决征集之。
> 8. 全体大会于每学期开始及终了时各举行一次,由委员会定期召集,如遇必要时,得开临时会议。
> 9. 集会地点暂设本校会议室。
> 10. 本简章经大会通过后实行,如有未尽善处由大会议决修改之。②

成立之后的教职员委员会首先将维护教职员工的合法权益当作首要工作。1928年初,委员会便发起了索偿旧欠工薪的活动。女蚕校在大学区制试行以前,教职员就被拖欠工资9 000余元,经过多方努力,才在1928年8月获得教育经费委员会和财政部的联合承诺,同意补发积欠的薪水。然而,10月5日,教育经费委员会却将此专款移作他用,使得偿还工资的希望落空,学校职工权益受到了损害。女蚕校教职员委员会当即以全体

① 苏州大学档案馆藏:《女蚕》1928年4月6日,第34期。
② 苏州大学档案馆藏:《女蚕》1927年12月1日,第32期。

教职员的名义，向江苏省其他学校及社会各界发出通告，号召全省教职员工团结起来，坚决追回欠款，保障教师权益。此号召得到了江苏省教育界的广泛响应，使得江苏省教育经费委员会不得不重新考虑经费分配问题，维护了学校广大职工的合法利益。

在组成教职员委员会的同时，女蚕校还组织了蚕业研究会和党义研究会两个教师团体。大学区制试行之初，女蚕校共有教师48人，主要为蚕丝科的专业教师。学校为了鼓励教师之间勤加交流，共同分享教学经验，决定成立蚕业研究会。1927年12月23日，蚕业研究会举行成立大会，定名为浒墅关女蚕校蚕业研究会，规定所有女蚕校蚕科教职员以及相关的制种家均得为研究会会员。研究会以交换知识、研究蚕业学术为宗旨，并规定每星期五集会一次，以讨论蚕业上之各种问题，以便更好地促进教学及蚕丝推广工作。

1928年9月，女蚕校根据南京国民政府要求学校进行"三民主义"学习的命令，组织了党义研究会。此研究会包括全体教职员工，具体学习方法为购买党义书籍，组织教师集体阅读或者单独学习，并推选郑辟疆、郁隽由、费璞庵、费迈枢、俞起亚、马范驱、严钦会、张感天、张象飞等人为筹备委员，担任起草分组征集设备等事宜。

学校各种教师组织的建立，为女蚕校教职员工的工作和生活发挥了一定的积极作用。但是，新学制实行中显现出的不稳定因素以及1927年前后国家的动荡纷争，也对女蚕校的教职员队伍造成了极大的冲击。仅这一年中，学校教职员退任者就有十余人之多，是女蚕校建校以来从未经历过的，致使学校教学计划一度难以安排。不过，为了保证学校教学工作能持续开展，郑辟疆校长从内外两条途径努力完善师资队伍。

一方面，女蚕校继续大力聘请国内蚕丝教育界的专家来校任教，并对学生在德育教育和生活管理上也从严要求，安排力能胜任的优秀教师负责学生工作。教师聘任具体情况见下表。

1927～1928年女蚕校新任教职员一览表①

教师姓名	所任课程或职务	毕业院校
费璞安	训育主任、公民学教员	
郁隽由	党义教员	
汪滋仁	化学教员	曾于协和大学学习，后毕业于东吴大学理科
王宝琳	蚕学教员	江苏省立女子蚕业学校毕业，曾任职于日本上田蚕业试验场、国立蚕业试验场及上田蚕丝专门学校
蒋师韫	检种实习教员	
蒋化时	桑场主任、土壤栽桑学教员	
张子欣	校医	江苏省医学专科学校
诸公巽	书记员	
韦均振	舍务员	江苏省立女子蚕业学校
潘保慧	舍务员	江苏省立女子蚕业学校
徐蕴兰	舍务员	

另一方面，女蚕校利用学校与日本蚕丝业界良好的互动关系，通过派出教师进修学

① 根据《女蚕》1928年10月10日和12月10中有关教职员动态消息制成。

习和邀请日本蚕丝教育家来校讲学等方式，切实提高学校的教学质量，保证学校在蚕丝理论知识和生产技术领域始终与世界先进水平保持同步发展。大学区制试行以来，女蚕校与日本的教学交流具体体现在以下活动中：

（1）1926年暑假，女蚕校毕业生、前任学校蚕科教员俞韵鑭前往日本调查蚕丝业发展现状，并于当年秋季进入日本上田蚕丝专门学校研究病理与解剖。俞先生在学习的同时，利用蚕期前后的闲暇时间，参观了日本当地的蚕种试验场暨私人制种场所，研究夏秋原蚕饲育及原种之制造，学成之后于1928年回校任教。

（2）1928年2月25日，日本实业参观团一行5人来女蚕校参观访问，参观团的5位成员均服务于日本农蚕界，其中包括以研究人工孵化法而著称的京都高等蚕科学校教授荒木武雄。学校特别邀请荒木武雄在校进行演讲，演讲内容为中日两国蚕丝发展的关系以及日本蚕丝发展的现状。

（3）1928年10月，学校派遣蚕学教员兼场务部主任邵申培、蚕学教员兼推广部主任费达生赴日本蚕丝业繁盛区域考察，同行的还有蚕学教员孙诏谷及校友兼制种家陆子容、华承昭3人，共同组成江苏蚕业参观团。11月，考察团回国。在日本期间，考察团参观了东京、京都2府及静冈、爱知、长野、群马、琦玉、福冈6县等日本蚕业荟萃之处，总计参观蚕业机关有42处之多，对日本蚕丝业的发展有了全面而细致的了解。

（4）1929年，学校派遣推广部技术员张复升、制丝助教吴淑贞和高级蚕丝科毕业生唐盛琨前往日本学习制丝。同年4月，再次派遣学校制丝主任张娴前往日本考察各学校和各丝厂制丝技术发展状况，同时在群马制丝合作社补习最新技术。这两项人事派遣都是在为日后准备开展的制丝科教学计划储备师资力量。

随着学校师资力量的加强，学校的教学工作也逐步顺利开展。为了更好地配合教学工作，女蚕校在学校经费相当紧张的情况下，仍然拨出专门的经费为学生购置图书。1927年2月，学校决定将学生膳费盈余充作图书购置费，先期购买了科学、妇女、党义等各方面图书百余种，杂志七八种，以便课余阅读。1929年，学校又利用学生膳费盈余以及学生自己分摊的方式，购置自由车3辆，并且安装了乒乓球台，以丰富学生的课余娱乐活动。同年11月，为了方便学生阅读报纸，学校将原来的演讲室改为阅报室，添置阅报架8个，除以前订有的《申报》、《新报》和《时事报》以外，又增订《民国日报》和《日日新闻》两种新报刊，并且安排专人负责及时更换新报以方便学生们阅读。以上各种措施极大地开拓了女蚕校学生的视野，使她们在掌握了扎实专业知识的同时，提高了自身素质，为将来进入社会、服务于社会打下了良好的基础。

4. 学生会的建立与校友会的完善

伴随着学校教职员工们的辛勤努力和扎实工作，女蚕校的办学规模在推行新学制的变革时代依然稳步发展。1927年，学校依照原定招生计划增加招收学制为3年的中级蚕丝科一级，加上正常招收的高级蚕丝科一级和二年制中级蚕丝科一级，共招收新生95人，连同高级蚕丝科二、三年级和中级蚕丝科二年级，全校共有学生173人。1928年暑期，学校又招收高级蚕丝科一级31人，三年制中级蚕丝科35人，加上已经在校的高级蚕丝科三年级生19人，二年级生29人；二年制中级蚕丝科二年级生23人；三年制中级蚕丝科二年级生28人，共计165人。

面对在校学生人数稳步发展的局面,为了"打破年级界限,一切事物由全校同学共同担任之,以养成合作互助之精神,暨自动自治之能力,而为良好之公民,"女蚕校于1927年10月27日召开学生会筹备大会,29日召开成立大会,通过章程,选举各部委员,从而正式成立了学生会,定名为第四中山大学苏州女子蚕业学校学生会,成员包括全体女蚕校在校学生。具体组织机构及第一届负责人员为:

主席:盛振儒　章瑛
代表:易珍　章瑛　黄韵湘
秘书:黄韵湘
执行委员:学术部　易珍
　　编辑股　夏蕙贞
　　研究股　高静之
　　辩论股　唐盛瑾
　秘书处　刘性清
　　卫生股　费彝敬
　　文书股　程品莲
　　庶务股　张善群
　　会计股　张汉娟
　　交际股　侯铭仙
　社会部　王滔
　　农民股　许梅芬
　　工人股　施月芳
　　商人股　谢维敏
　　演讲股　章瑛①

自20年代初女蚕校积极推进蚕丝改进事业以来,江苏地区的蚕丝得以逐渐复兴,各地大量兴办蚕丝指导所,对蚕丝改进人才的需求也十分迫切,从而使女蚕校的学生拥有了良好的就业前景,真正显露出实业与教育相互促进的可喜局面。以1928年女蚕校毕业生为例,当年女蚕校高级蚕丝科毕业19人,就业者18人,其中担任女蚕校推广部无锡秋蚕指导员9人,江苏省建委会震泽秋蚕指导员4人,改良会镇江蚕业试验场技术员5人,只有1人未能任职,就业率达95%;学校中级蚕丝科毕业33人,升入高级蚕丝科者23人,就业者4人,2人未能就业,4人情况不详,升学就业率为82%。

1929年,江苏省立和各县立蚕业试验场也相继开办蚕业指导所,其中苏南地区各指导所的技术人员几乎尽数选用的是女蚕校的毕业生。

① 苏州大学档案馆藏:《女蚕》1927年12月1日,第32期。

1929 年女蚕校毕业生在江苏各地蚕业指导所任职情况表①

聘任单位	聘任职务	女蚕校毕业生
农矿厅无锡蚕丝试验场筹备处养蚕指导所	总事务所主任	蒋师韫
	主任技术员	严安言、张月佃、程月修
	技术员	黄庆芳、陶镕青、葛贞如、朱顺娥、曹祖华、陈兰芬、贡素英、顾桂娥、俞保爵
农矿厅扬州蚕丝试验场筹备处养蚕指导所	主任技术员	王锡贞、钱受天
	技术员	夏荇荪、李毓珉、柏如珩、夏时蕙
吴县蚕桑场养蚕指导所	主任技术员	金绮云、何味芹
	技术员	沈燦英、吴景韫、吴钧美、刘纫珠
吴县蚕桑场养蚕指导所	总事务所主任	俞淑贞、曹祖昭
	主任技术员及技术员	丁宗复、王开颖、虞星度、程蕴道、程佩英、过葭星、吴瑞芬、张秀林、唐淑媛、盛振儒、李稚英、王贞、朱凤林、张善群、周宗淑、胡保聿、孙宏德

这种良好的互动局面，正是得益于女蚕校广大师生的不懈努力。他们在郑辟疆校长正确方针的指导下，坚持将蚕丝教育与蚕丝改进事业相结合，不畏推进改革的艰难和辛苦，从农村的普通蚕户做起，从蚕种改良等基本环节做起，进行了近十年的细致工作，才在 20 年代末出现了此种局面，使得女蚕校的教育模式成为近代中国职业教育的优秀典范。

为了更好地配合分布于各地推进蚕丝改进事业的女蚕校毕业生，女蚕校力求充分发挥其校友会的联络作用。女蚕校校友会自 1912 年建校时便已成立，1918 年郑辟疆担任校长后进行了改组，组织了通讯、出版、图书、交际等部门，每年 3 月 15 日校庆日召开大会一次，以便联络各级校友。自 1923 年起，校友会以江苏省立女子蚕业学校校友会名义编辑出版《女蚕》刊物，内容分论著、学术、专载、报告、校闻等栏，介绍当时我国蚕丝业生产状况与问题，并介绍日本蚕丝科学方面的进展。从创刊到 1936 年 9 月止，计出版发行 70 期。1928 年校友大会召开前夕，校友会职员会提出修改会章，要求组织形式采取委员制，缴纳年费应以在校校友为限。于是，1928 年 3 月 15 日召开的校友会大会便对校友会章程作了新的修改，内容如下：

① 根据《女蚕》1929 年 1 月 20 日，第 37 期所载《最近毕业生出路状况》制成。

女蚕校友会

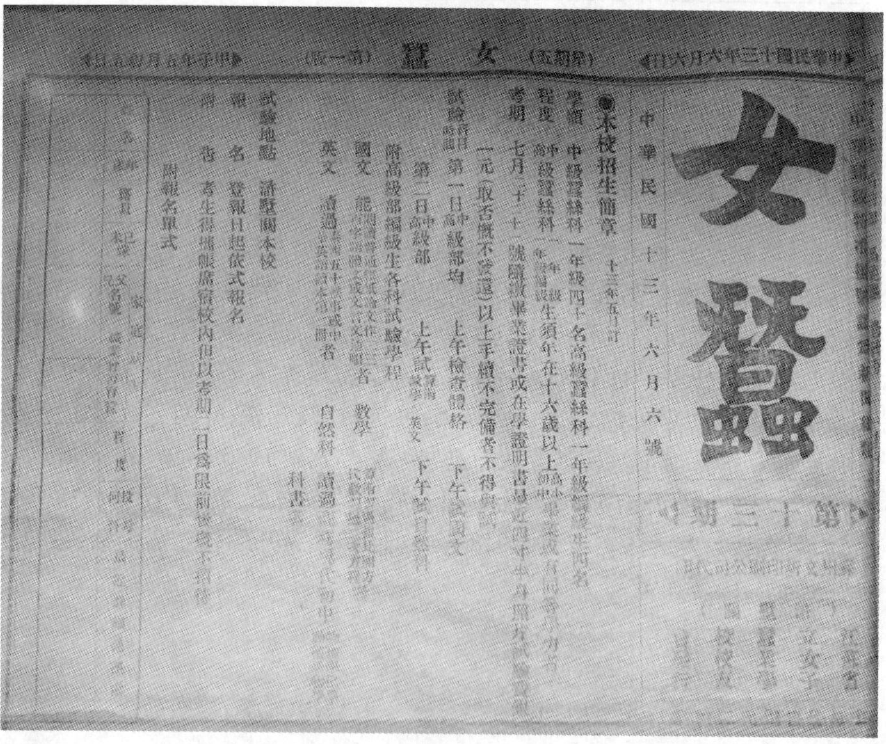

女蠶 （星期五） 中華民國十三年六月六日 （第一版） 甲子年五月初五日

女蠶

中華民國十三年六月六號

第十三期

◉本校招生簡章　十三年五月訂

學額　中級蠶絲科一年級四十名高級蠶絲科一年級

程度　中級蠶絲科一年級生須年在十六歲以上

考期　七月二十一號

一元（取否概不發還）以上手續不完備者不得與試

試驗時間　第一日中級部均　上午檢查體格　下午試國文

第二日中級部　上午試　英文　下午試自然科

附高級部編級生各科試驗學程

國文　能　數學

英文　讀過　自然科　讀過

科書者

試驗地點　滸墅關本校

報名　登報日起依式報名

附告　考生得攜帳席宿校內但以考期一日爲限前後概不招待

附報名單式

《女蚕》

江苏大学女子蚕业学校校友会会章（民国十七年三月十五日大会修正）

一、本会由江苏大学女子蚕业学校及前江苏省立女子蚕业学校、上海私立女子蚕业学校教职员、同学组织之，定名江苏大学女子蚕业学校校友会。

二、本会以联络情谊交换智识，本互助之精神，谋蚕业之发展为宗旨。

三、本会会员分当然、特别两种，其资格规定如下

1. 现任教职员、肄业同学为当然会员。

2. 前任教职员、毕业同学、修业同学为特别会员。

四、本会采委员制，选举执行委员七人组织执行委员会处理会务，并设候补执行委员七人，以便递补。执行委员会之产生，由当然会员中选举四人（现任教职员、同学中各产生二人），特别会员中选举三人（前任教职员产生一人，毕业同学产生二人）组织之，互推一人为常务。

五、本会会务分交际、通讯、图书、编辑、会计、庶务六股，即由执行委员会分任之。

六、本会职员任期一年，常年大会时改选之。

七、本会会期分大会、执行委员会两种，大会分常年大会和临时大会两种。

1. 常年大会每年于本校纪念日（三月十五日）举行。

2. 执行委员会每月举行一次。

3. 临时大会无定期，遇有特别事故经执行委员会之议决临时召集之。

八、本会会费分常费、特别费两种。

1. 当然会员年纳常费一元，同学于每学期入学时缴纳，教职员于大会前缴纳。

2. 特别会员免交常费，愿纳特别会费匡助本会者□。

九、本会发行《女蚕》专刊分送校友。

十、本会会所暂设校内。

十一、本章程经大会通过后实行，此后修改之权属于常年大会。

会议还选举了校友会执行委员会，七名委员为：郑辟疆、王裕艺、张感天、汪师铭，孙君有、黄韵湘、高静芝，并于第一次执委会开会时分配职务，推举郑辟疆校长为常务委员，主持校友会的各项事务。

其实，为了更好地联络各地校友和推进蚕种改良事业，自1927年起，女蚕校就在每年的新年以后召集各制种场代表来校进行讨论会。到1928年元旦第二次讨论会召开时，与会的有12家制种场的代表15人。开会的主要内容为：一方面由学校报告上一年度蚕种检种和销售以及蚕种价格审查等情况，并且说明下一年蚕种供给和需求可能出现的问题；另一方面，邀请各制种场代表围绕种业经营与技术、制种新趋势和新技术以及当前国内外的蚕种改良情况等课题进行演讲，全校学生均参与旁听，以保持学生对蚕丝业先进技术潮流的把握。会后，还请各制种场填注本年托女蚕校介绍的蚕种数量以及接洽代办物品，使得校友可以充分利用女蚕校的广泛资源，促进其自身事业的进一步发展。

第二节　制丝专业的设立与兼办制丝专科学校

经过20年代女蚕校的努力，苏南地区的蚕种选育和改良工作已经卓有成效，而与蚕种改良工作相适应的制丝改进事业却困于设备和经费而无法推动。养蚕与制丝是相辅相成的两个方面，优质的蚕种可以保证丝质的精良，降低制丝成本；而生丝销售的畅通可

以提高茧价,为蚕种继续改良提供必要的资金。而在20年代末期,作为近代中国最重要外贸输出品的蚕丝,却"美销将绝,欧销亦有动摇之势",其主要原因为我国缫丝技法陈旧,不能适应经过机械改良之后的欧美大工业的丝质要求。相反,日本蚕丝却因技术上的进步而大行其道。为了解决制丝业面临的困境,江苏省政府在无锡成立了无锡蚕丝试验场,希望能够推进蚕、丝两业的进步。苏南地区的地方丝厂更是忧心如焚,迫切盼望改良制丝技术,然而却苦于人才缺乏,无法实行。此时,作为江苏地区唯一的蚕丝职业学校和改进推广机关,女蚕校便义不容辞地承担起了推进制丝改良的任务。

1. 制丝专业的艰难筹办

1928年12月,女蚕校向江苏省政府提出呈请,希望能在干茧特捐项下或者其他款项中划拨制丝设备费40 000元,以便女蚕校购置新的蚕丝设备,开设制丝专业,以达到尽快培养我国制丝人才的目的。在呈文中,学校力陈当前我国蚕丝业所面临的困局,以及女蚕校的困难现状:"校内设备过于简单,近虽竭力补苴,仅养蚕方面初具规模亦尚不敷应用。至制丝方面除足踏木机外别无设备,万不足以应研究改进之需。历年提出制丝设备之预算,计有五次之多。结果或未通过或通过而不能照领,无裨事实。"江苏作为我国蚕丝生产大省,年产干茧约有12万担,花费40 000元进行制丝业的改良,"以图蚕丝业之发展是目前公家之所费甚微而将来地方之收益甚巨。似亦建设时代促进民生应有之举也"①。为了使学校的计划能够得到江苏省政府的充分考虑,女蚕校还制定了详细的制丝设备预算规划,包括"房屋大小三十间:15 000元;贮茧库一座:3 000元;滤水装置全部:2 000元;制丝机械四十台:5 000元;复缫机械三十台:2 400元;锅炉引擎蛾哺全部:2 000元;煮茧机一台:2 000元;干茧机一座:3 000元;检丝器全部:2 500元;生丝及屑物整理机械全部:600元;杂具:1 000元;装配及运输费:1 500元,合计40 000元。②"

但是,呈请送达江苏省数月之后如泥牛入海杳无音信。1929年6月,女蚕校继续呈请添设制丝科,并主动提出当年省政府208次会议决议中所提到的"茧税特捐十五万元以十万元补助生丝检查处经费,余五万元,充本省整理蚕丝之用"③,希望能将此款项列入女蚕校的经常费中,以实现尽快办理制丝专业,培养制丝人才的目的。此项建议送交农矿厅会同财政厅审核后,也一直没有消息。

1929年9月,女蚕校了解到,完全依靠省政府财政解决制丝科的开办问题是无法实现的。于是,女蚕校决定自谋出路,联合深切期望制丝改良的苏州和无锡地区的丝厂,希望通过从制丝业界获得贷款先行开始建设,余款分期偿付的方式,来实现学校开办制丝科的目的。9月18日,女蚕校编制完成设备预算以及借款和还款方案,呈报教育厅审核,预算方案如下:

---

① 《中央大学区立女子蚕业学校校长呈江苏省政府请就干茧特捐项下或另筹的款特拨制丝设备费银四万元俾资改进制丝教育文》,苏州大学档案馆藏;《女蚕》1929年1月20日,第37期。

② 《中央大学区立女子蚕业学校校长呈江苏省政府请就干茧特捐项下或另筹的款特拨制丝设备费银四万元俾资改进制丝教育文》,《女蚕》1929年1月20日,第37期。

③ 苏州大学档案馆藏;《女蚕》1929年7月1日,第39期。

江苏省立女子蚕业学校制丝设备预算书①

设备费40 000元：房屋大小三十间：15 000元；贮茧库一座：3 000元；滤水装置全部：2 000元；制丝机械四十台：5 000元；复缫机械三十台：2 400元；锅炉引擎蛾哺全部：2 000元；煮茧机一台：2 000元；干茧机一座：3 000元；检丝器全部：2 500元；生丝及盾物整理机械全部：600元；装配及运输费：1 500元；杂具：1 000元。

借款利息6 000元：十八年度借款30 000元，应需利息3 000元；十九年度借款20 000元，应需利息2 000元；二十年度借款10 000元，应需利息1 000元。

合计46 000元。

江苏省立女子蚕业学校制丝设备经费分年拨款还债表：

第一年(十八年度)省拨10 000元　　息借30 000元　完成设备。

第二年(十九年度)省拨13 000元　　还本10 000元，还息3 000元。

第三年(二十年度)省拨12 000元　　还本10 000元，还息2 000元。

第四年(二十一年度)省拨11 000元　还本10 000元，还息1 000元。

郑辟疆校长于10月下旬和11月初，两次亲自前往省政府陈述女蚕校的现状和蚕丝改良的益处，并明确各丝厂已经承诺借款。由此，省政府最终同意，女蚕校以贷款的方式开办制丝科，清偿方式由省政府分年从临时费中划拨，计划四年时间还款完成。

2. 开办制丝科

1930年9月，女蚕校正式开办高中程度制丝科，原定学制三年，但为了适应蚕丝业急需制丝人才的需要，特先行试办两届，学制为两年，以求尽快向社会输送毕业生。制丝科新生入学后，先暂时使用原楼蚕室下层作为教室、办公室和食堂，上层作为学生宿舍。与此同时，学校一方面继续向无锡永泰、乾生、民丰三丝厂借银3万元，以加快采购设备的进度。8月17日与日本增泽商店上海分店德昌公司签订合同，购买室内机械设备，“计价旧金六千五百三十四元五十钱，合国币一万一千四百三十七元”；另一方面，于9月7日在校招标建设制丝科的新教室、办公室、宿舍、工场以及贮茧库等房屋，后由程海徐云记营造厂中标，所建校舍选址在女蚕校运河对岸的下塘，合计桑场等设施共占地150亩左右。1931年6月，制丝科全部校舍竣工，共支出“建筑费银33 372元，购置费银21 042元，连杂费银10 000元，共支银55 416元”②。对于超出预算的款项，学校将继续呈请省政府予以补助解决。制丝科开设课程及分期安排内容如下：

① 苏州大学档案馆藏：《女蚕》1929年12月1日，第40期。

② 苏州大学档案馆藏：《女蚕》1931年11月20日，第47期。

江苏省立女子蚕业学校暂定二年期高级制丝科学科学分表①

课程＼学期		第一学年				第二学年				总学分
		第一学期		第二学期		第一学期		第二学期		
		周时	学分	周时	学分	周时	学分	周时	学分	
党义及公民		二	2	二	2	二	2	二	2	8
国文		四	4	四	4	三	3	三	3	14
日文		五	5	五	5	五	5	五	5	20
数学	几何	四	4							4
	三角	二	2	二	2					4
物理学		四	4	二	2					6
化学		四	4	二	2					6
制图								二	1	1
制丝原料论		三	3							3
干茧贮茧论		三	3							3
煮茧缫丝法				二	2	一	1			3
生丝整理法						一	1			1
生丝检查法				二	2					2
屑物整理法						一	1			1
机械学								二	2	2
制丝经营学						一	1			1
工场法规								一	1	1
工场管理法								一	1	1
工业簿记						二	2			2
统计学								一	1	1
制丝业泛论						一	1	一	1	2
养蚕学大要		四	4							4
原料检查实习		不定时	2							2
煮茧缫丝实习				每周三天	12	每周三天	12	每周三天	12	36
生丝整理实习						不定时	2			2
生丝检查实习				不定时	1.5					1.5
屑物整理实习								不定时	2	2
干茧实习				不定时	1.5					1.5
合计		讲义三三	33	二一	21	一九	19	一八	17	
		实习不定	2	不定三天	15	不定三天	14	不定三天	14	
学分总计		35		36		33		31		135

① 苏州大学档案馆藏:《女蚕》1930年11月25日,第44期。

3. 建立制丝实习厂

女蚕校增设制丝科之后，决定同时兴建一个制丝实习厂，以方便学生尽快熟悉制丝生产的实际技术，培养出能够很快应用于制丝改进事业的人才。

但是，学校制丝实习厂的建设，必须具备新型而完全的制丝设备。当时，学校制订了一个袖珍式制丝实习厂的计划，估计需费6万元。不过，即使是这最低限度的经费需求，在当时也无法得到满足，当时的江苏教育厅根本认识不到在教学上设置实习丝厂的重要作用，对于学校的经费要求根本就不予支持。因此，女蚕校决定自力更生筹建实习丝厂。凭借着在蚕丝业改进事业过程中所作出的贡献和获得的信任，女蚕校商请无锡永泰、乾森、瑞纶、乾泰等丝厂予以集体贷款建设丝厂。当时，永泰丝厂曾经希望独任贷款而将学校丝科设于无锡，以便独享技术人才的优势，不过，女蚕校考虑到学校制丝教育以全面发展我国蚕丝业为目的，决不能只为一家丝厂的利益服务，所以没有同意，仍按照预定方针进行了集体贷款，并于1929年底开始动工建厂，到1930年竣工。在这之前，学校先期从1930年蚕科应届毕业生中选出对木机制丝已有经验的杨志超等四人为实习厂练习技术员，派往开弦弓丝厂学习机械制丝，等到学校实习丝厂开工时，再调回服务并担任指导工作。1930年制丝科成立，实习厂同时开工。从此，女蚕更负担起了制丝工业技术人员的培养任务，由于教学与实际相结合，成效显著，实习厂亦成为制丝改进实验的示范。

女蚕制丝实习场

但是，女蚕制丝实习厂于成立之初，就遭受了极大的打击。在制成第一批生丝准备运沪销售时，因先在校内展览，耽误了几天的销售时间，而就在这几天中，由于世界性经济危机的爆发，造成丝价暴跌，致使原来每关担1 000多元的丝价逐步跌至250元。由此，销售所得根本无法足额偿还贷款，贷款偿还之期被迫拖延，学校经常费用也因为移偿小额借款，一时发生了无比的困难。女蚕校为了克服此种局面，一方面在实习丝厂经济独立制度下，予以定额的补助；另一方面由校预算分年增加特别费一项，以保证运转。至

1932年所欠贷款尚有尾数未了，后经江苏省教育厅帮助，给予拨款，始得清偿。

女蚕制丝实习厂虽遭上述打击，但对制丝教学和制丝技术之改进，依然作了不懈的努力。1933年，制丝实习厂做了多条缫丝车之试验，并即推行到无锡玉祁制丝所(原瑞纶丝厂)。实习厂自此以至抗战开始，一直致力于生丝品质的提高和加工费用的减少。制丝科毕业生即凭借技术优势在江、浙等地丝厂发挥了巨大的作用。影响所及，各地丝厂也逐渐具备了生产高质量生丝的能力，使每关担生丝价格升至600元左右，制造费用则相应得到节约。

女蚕校制丝实习厂凭借完善的设备和经过学校培训的女工，出产的生丝质量优良，售价远在其他一般制丝工厂之上。所以，苏州、无锡等地的各大丝厂均委托女蚕校代缫生丝，甚至浙江省建设厅也委托代缫。由此，制丝实习厂每年代缫生丝所得手续费“约20 000元左右，除去设备购置、学生实习消耗以及其他各项开支外，仍可获净利3 000元左右，以供学校扩充设备之用”①。

4. 制丝科的教学与实习

制丝科成立之后，在进行课堂教学的同时，也注重为社会尽快培养各层次的制丝技术工人。1931年夏，女蚕校制丝科为了提倡妇女职业技能以及培养制丝工场技术工人，开办第一届制丝职工培训班，最初招收12人，除了教授制丝技术外，还开设国民常识等课程，以提高制丝职工的素质，定期六个月毕业，学业合格者将可以留在学校制丝实习工场当工场助手。培训班经费从江苏省妇女职业班经费内开支。到7月中旬，又增加30余人。第一批毕业职工获得实习证书并得以留场工作的有9人。

1931年12月6日，制丝科召开第一次学生成绩展览会，包括制丝科一、二年级和制丝妇女职工班的学生。她们经过数月机械制丝的学习，已经能够掌握相当娴熟的制丝技术。时任丝科主任的费达生和制丝科技师的张复升决定召开此展览会，既为了更好地掌握学生的学习进度，也为了展示她们的学习成绩，以便鼓励她们更加努力地学习。

第二届高级制丝科毕业生合影

① 唐道海:《江苏省立中等职业学校之总检阅》,《江苏教育》1936年8月第五卷第八期,第172页。

制丝科开办之后，女蚕校为了便于学生将蚕、丝两业的知识融会贯通，从1933年起，初级蚕丝科三年级的学生也开设了制丝实习课程，以加强蚕科学生的制丝技能。1935年春季开学后，学校为了强化高级蚕丝科和初级蚕丝科三年级学生的制丝技能，将原定每周一天的实习计划，改为学期开始第一周后，两级学生集中实习，计分煎茧、立缫、坐缫、复摇、整理、检查六大部分，调班轮流实习，除了由教师指导外，也选派高级制丝科的部分学生参与指导，使学生们既能增加实习强度，熟练实习技术，又能有机会体会培训制丝技术的经验，收到一举两得的效果。特别是对于高级制丝科三年级的学生，虽然她们技术娴熟，但在培训技术工人的过程中，仍然存在指导方式方法上的一些问题，让她们参与指导本校学生，便有了更好的积累培训经验的机会。女蚕校对于在实习丝厂实习的学生，规定每周实习日期间，其工作时间完全与普通职工相同，全部于上午5时起床，下午5时休息，使学生养成一种刻苦耐劳的习惯，从而减少其在向社会生产过渡中所需的适应时间。同时，高级制丝科的学生不但在校内帮助培训，也不断被派往校外各丝厂进行实习，培养她们吃苦耐劳的精神，增进应付各种生活环境的能力，为毕业后尽快融入社会，发挥优良的制丝技术打下扎实的基础。

制丝科成立之后，为了教学工作能够顺利开展，在组织学生集中实习的同时，也不断改进学校制丝科专业设备的先进性，以保证女蚕毕业生所掌握的均为国内最先进的制丝技术。1932年后，制丝技术的要求重点主要集中于生丝制品的匀度，因此，制丝科主任费达生和技师张复升便利用自身在日本留学期间掌握的先进技术，亲自设计新式缫丝机械，经过十多次的试验，终于实现了生丝制品匀度达到90度的要求，试制出了符合当时世界先进水平的缫丝车，学校将其命名为女蚕式多条缫丝车，而研制的经费均由郑辟疆个人负责解决。到1936年1月，为了制丝科学生实习的需要，学校又花费巨资从上海德

女蚕式立缫丝车

昌公司购进当时世界最新式的自动干茧机——大和式自动干茧机一台，这在整个江浙地区属于首创。另外，女蚕校还将陈旧的千叶式煮茧机更新换代，与上海寰球铁厂签订协议，根据新设计图样加工改造，以便提高其利用价值和利用效率。经过女蚕校的努力，学校制丝科“备有女蚕式多条缫丝机 32 台，五绪再缫式坐缫丝机 30 台，丰田式多条缫丝机 4 台，全部匀度机 1 台，其他锅炉、全部滤水装置、煮茧器、原动机械等，亦皆设备齐全”①。

5. 兼办制丝专科学校

女蚕校制丝科开办之后，1932 年便为社会输送了第一批毕业生 27 人。但是，面对亟需改革的中国蚕丝业，这仅仅是杯水车薪而已。鉴于此种情况，郑辟疆决定继续扩大制丝专业的规模，建立制丝专科学校，以尽可能多地培养各级制丝技术人员，弥补制丝业界人才匮乏的困难局面。

1934 年 2 月 25 日，南京国民政府在全国经济委员会辖下成立蚕丝改良委员会，负责协调全国蚕丝改良事务。乘此时机，郑辟疆校长随即建议蚕丝改良委员会建设制丝专修科以便大规模地培养制丝技术人员。几经交涉之后，蚕丝改良委员会同意拨款 7 000 元，作为制丝专修科的建设经费。随后，郑辟疆校长又呈请江苏省教育厅审核，教育厅决定同意兴办，并于 1935 年江苏省教育经费中列入制丝专修科经费项。得到上级主管部门首肯后，郑辟疆校长及女蚕校教职员工热情高涨，立即组织制丝专修科筹备委员会，聘请高一之、俞起亚、张复升、张绍武为筹备委员，制定制丝专修科设立的一切事宜。

在筹办制丝专修科的同时，女蚕校也利用各种途径培养制丝技术人员。从 1934 年下半学期开始，学校接受蚕丝改良委员会委托，代为培训蚕桑改进指导人员，第一期共 107 人，每天授课 5 小时，共培训 4 个月。培训班教员除安排本校教师王干治等 11 名老师参与外，还从校外聘请知名蚕丝专家宋子美等老师分别任教，1935 年 2 月 27 日至 3 月 6 日实行毕业考试，3 月 7 日正式结业。这批培训的制丝技术人员，除 24 人返回蚕丝委员会下属的试验部实习养蚕制种外，其余的学生均由女蚕校代为分配。他们被分别派往无锡模范区、宜兴改良区、吴县改良区以及女蚕校推广部设立在震泽、桐歧等地的养蚕指导实验区，开展养蚕制丝的改进工作。

1935 年 9 月，女蚕校正式兼办制丝专修科，由郑辟疆兼任专修科主任，并且实行男女兼收的政策，扩大制丝学生的招收范围。专修科首先开设蚕业泛论和缫丝学两门课程，由时任制丝实习工厂主任的张绍武和制丝科主任的张复升任课。10 月 1 日，女蚕校为制丝专修科专门补办开学典礼，庆祝制丝专修科的开办。同年 12 月，由于“教育部以职业学校兼办专修科于法无据，饬将该专修科改用专科学校名义试办”②，江苏省教育厅下令将制丝专修科改为江苏省立制丝专科学校，由女蚕校兼办。“1936 年，江苏省教育厅 566 号训令：‘派郑辟疆为江苏省立制丝专科学校主任兼代校长。’”③1937 年，省立制丝专科学校正式扩充为江苏省立蚕丝专科学校（简称蚕专校），仍然由女蚕校兼办，学制年限为三年。

---

① 唐道海：《江苏省立中等职业学校之总检阅》，《江苏教育》1936 年 8 月第五卷第八期，第 172 页。

② 《中国国民党指导下之政治成绩统计》，1936 年第 4 期，第 91 页。

③ 苏州蚕桑学校校史编写组：《苏州蚕桑学校校史》1989 年版，第 7 页。

制丝专科学校校门

第一届制丝专科毕业生

第三节　艰难时局中的女蚕校

进入20世纪30年代以后，全球性经济危机开始爆发。为了应对经济危机造成的冲击，欧美各国在调整国内经济政策的同时，也刻意向包括中国在内的国家转嫁经济损失。他们一方面为了保护国内市场，利用关税壁垒限制进口；另一方面为了维持国内物价，大量向外倾销国内剩余产品。这些措施严重打击了中国的原料出口和国内经济的稳定,而对于以出口为主要贸易途径的蚕丝生产所造成的冲击尤为强烈。

1931年9月18日,日本帝国主义发动了"九一八"事变,其妄图吞并中国的野心已经昭然若揭。随后,其在政治、经济和军事上加速推进侵华步骤,全中国人民都感受到了笼罩在身边的战争阴影。而面对此种局面,南京政府国民党政权却对外奉行不抵抗政策,将东北、华北的大片领土拱手相让;对内继续实施对共产党农村革命根据地的围剿,同时实行"以党治国",强化独裁统治,加强思想控制。在此种艰难局面之下,女蚕校依然秉持着改良中国蚕丝生产的既定方针,顽强地继续前进着。

1. 学校发展举步维艰

20年代后半期学校经费短缺的现象,随着经济危机的冲击更加严重,已经到了仅能维持学校日常工作的地步。以1929年学校的预算①为例:学校年度总预算为44 600元,其中用于支付教职员工的薪水为27 408元,占到全部预算经费的61.5%,其余主要的经费支出项分别为:场务费5 340元,占全部经费的12%;推广费4 320元,占全部经费的9.7%;杂费4 200元,占全部经费的9.4%;购置费2 088元,占全部经费的4.7%;办公费672元,占全部经费的1.5%;预备费576元,占全部经费的1.3%。从此经费分配比例中可以清楚地看出,用于女蚕校发展和蚕丝推广事务的费用只占全部费用的20%多一点,而其余近80%的经费是用于维持学校的教师薪水和办公等费用,学校经济的拮据程度可见一斑。

而进入到30年代,此种情况更加恶化。女蚕校自建校以来,为了鼓励普通蚕户和有志于蚕丝事业的年轻人入学,学校不但不收取学费和食宿费,每月还发放一定数额的生活津贴,以保证普通学生的日常生活,这就使得学校对政府经费的划拨异常依赖。

从1930年开始,学校为了能够更好地推进蚕丝改进事业,决定开办制丝科,以达到蚕、丝两业相互支持的目的。因此仅开办制丝科所花费的建筑校舍和购买机械等费用就达到55 000余元,而政府为此项目所拨临时补助款只到位20 000元左右,其余款项均由学校自己垫支。设备安装完成后所需要的维持正常开工的生产费用就只能向银行贷款,学校背负了70 000余元的债务,使得学校其他事业根本无经费可用。而政府经常费又根本不能按时划拨。1931年11月,女蚕校的经常费只发放到7月,学校垫支日常办公费用就达4 000余元,而此时教师的薪水也三个月未发,许多教师迫于生活压力,不得不向学校要求救济。这些都严重影响了学校正常工作的开展。而在此种情况下,省政府却一直以为女蚕校有实习收入作为补充,不会困难到极端地步,因此并没有积极加以解决。到了1932年9月,女蚕校的经费缺额已经达到五个月,广大教职员工也已经五个月未领薪水,而实际上女蚕校的实习收入已经全部用于蚕丝改进事业的推广中,根本无力继续维持,学校的发展陷入了极端困境之中。1936年,女蚕经费出现严重短缺时,郑辟疆将自己的私人财产作为抵押,才从银行获得贷款,以维持学校的日常开支。学校经费的困难情形可见一斑。

① 苏州大学档案馆藏:《女蚕》1929年12月1日,第40期。

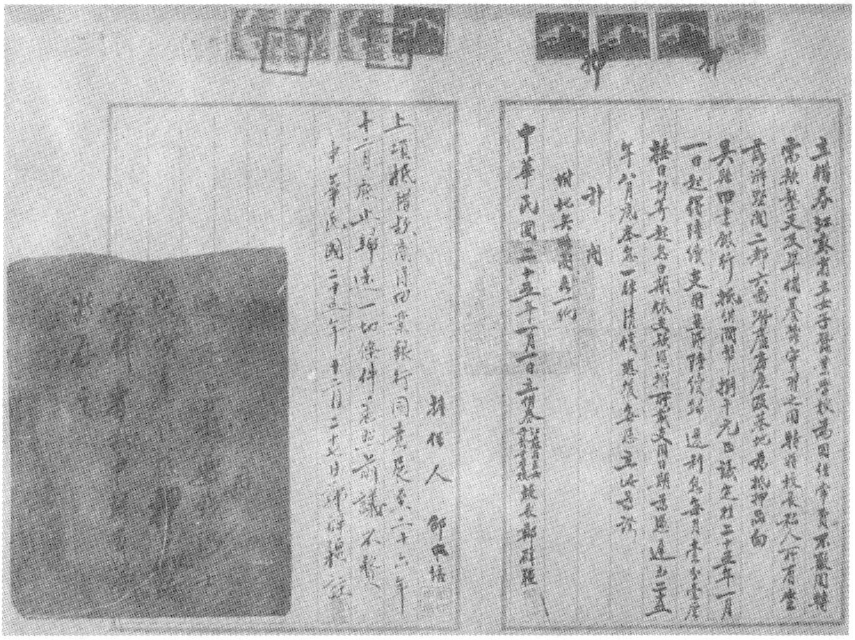

1936 年郑辟疆为女蚕借款借据

2. 训育工作的实施

“训育”一词是伴随着近代中国新式教育的兴起而从国外传入的。其具体内涵,教育学界至今仍存在争论。有些学者认为其来源于德国教育家赫尔巴特教育学中的“Zucht”一词①,将“训育”定义为“对青少年的心灵产生直接影响,即有目的地进行培养”②。而有些学者则认为“把赫尔巴特的‘训练’作为中国训育观念的直接来源,则应倍加慎重”③。按照民国《教育大辞书》的说明,“训育”一词主要指的是道德方面的内容,因此本书也暂且将训育的内涵按照“对学生行为品德的训练和管理教育的活动或体制”④来定义。

对于如何在学校内开展训育工作,虽然很早就已经开始讨论,但直到南京国民政府建立,国民党政权取得了国家形式上的统一时,才真正得以具体实施。国民党政府为了加强对学生思想的控制,弹压不断涌现的学潮,特别是为了压制 1931 年“九一八”事变后,学生们对其不抵抗政策的强烈不满,对学校实施高压政策,并且出台了一系列设计训育的政策法规,如 1929 年在高中以上学校实施军训,1930 年集中颁布了《学生团体组织原则》、《学生自治会组织大纲》和《学生自治会组织大纲施行细则》,1932 年以后相继颁布《中学法》和《中学规程》等法规,对中学训育的组织和实施都作出了具体的规定。⑤ 面

① 参见陈桂生:《“训育”辨析——兼论我国 20 世纪上半期实施“德育”的历史经验》,《杭州师范学院学报》2004 年第 5 期。

② 赫尔巴特著,李其龙译:《普通教育学》,人民教育出版社 1989 年版,第 147 ~ 148 页。

③ 王伦信:《清末民国时期中学教育研究》,华东师范大学出版社 2002 年版,第 143 页。

④ 顾明远:《教育大辞典》增订合编本(上),上海教育出版社 1998 年版,第 1 844 页。

⑤ 王伦信:《清末民国时期中学教育研究》,华东师范大学出版社 2002 年版,第 154 页。

对此种局面,女蚕校也不得不作出相应的调整。

1930年5月,根据教育部颁布的一系列学生组织管理办法,女蚕校原有的学生会被迫改组为学生自治会,学生大会则改为学生自治大会。改组后由学生自治大会选举出学生代表会,而日常活动则由干事会负责。干事会分为总务股、卫生股、体育股、出版股、演讲股和游艺股等部门,其中总务股又下设常务干事、文书、书务和会计四个委员,负责自治会的主要工作。同时,学生自治会还规定了组织规程,明确了自治会的宗旨和组织流程。其具体内容如下:

江苏省立女子蚕业学校学生自治会组织规程①

1. 本会定名江苏省立女子蚕业学校学生自治会。

2. 本会以学生在校内自治生活之养成或促进体、德、智、美、群等五育之发展而准备,实行三民主义的目的为宗旨。

3. 本会会员以校内学生为限。

4. 本会之权力机关最高为会员大会,次代表会,又次干事会。

5. 本会设干事员九人,候补干事员三人,并由干事员互选常务干事一人(开会时常务干事主席)。

6. 本会干事会下所管辖之事务由总务股、体育股、游艺股、出版股及演讲股等分任之。总务股中又分文书、庶务、会计及常务干事兼交际等,其余各股之下亦复组织委员会。

7. 本会代表会之代表由各级按照人数比例(每十五人选出一人)选出,主席临时推举。

8. 代表会之代表每学期改选一次于学期开始时。又各级选出之干事会之干事员每学期亦改选一次于第一次开全体大会时由全体会员推选之。

9. 本会干事会下如遇特别事项发生得组织特种委员会,其委员就会中推定之。

10. 本会全体会员大会每学期开会一次,遇必要时经干事会或代表会之决议或会员四分之一以上之建议得由干事会召集开临时大会。

11. 本会代表会每学期开会一次,遇必要时经干事会之决议或代表会代表三分之一以上或会员五分之一以上之建议得由干事会召集开临时代表会。

12. 干事会每月开会一次,遇必要时得开临时会由常务干事召集之。

13. 大会会员在会务范围内具有选举、罢免、创制、复决之权。

14. 本会之会费每学期每人半元,于必要时临时征收之。

15. 本规则依据中国国民党中央执行委员会议决指示中等学校学生自治会组织大纲制定之。

16. 本章程有未尽善处得由全体会员重行通过修正之。

女蚕校学生自治会虽然是国民党训育政策的产物,但学校仍然根据自身的实际情况,合理利用这一载体,充分发挥了职业学校的训育特色。自治会建立当年的12月7日,

① 江苏省立女子蚕业学校学生自治会:《蚕钟》,1931年1月20日。

自治会演讲股组织了演讲比赛，聘请孙君有、费迈枢、钱竹声、费达生、俞筠臞、孙定玉、蒋粹英等为评委，以切合中国蚕丝业现状的“中国蚕丝业衰退的原因及今后补救的方法”为演讲题目，引导学生对所身处的环境进行思考，从而真正达到提高思想认识的教育目的。讲演由每一级的学生分别推举两人，高级科参加 8 人，组成甲组；中级科参加 6 人，组成乙组，各自比赛，比赛结果“甲组优胜者为荆和籁、蒋莲舫、魏紫云；乙组优胜者汪采之、王为同、奚赛珠”①。

1932 年 9 月，江苏省教育厅颁行《江苏省县中等学校教训合一试行办法》，在各中等学校设立教务处以及任命级导师，以取代以前的训育机构，以实现“改革教学、训育分立制度；厉行师生共同生活，注重人格感化；根据党义运用各科教材，训练学生思想；矫正教师忽视训育责任之观念”②的目标。女蚕校根据此《试行办法》规定，各学科教师分任教学训导。学校设立教导处，由正、副教导主任二人负责全校的教务和训育事宜；各学级设级任导师一名，负责该级学生“端正品行、训练思想、勤勉学业等责”③。同时，学校教务处还组织制订了女蚕校自己的具体实施方案，内容如下：

1. 宁先减轻教材质量，俾所学均能切实明了，一方面统一教学方法，使步骤一致而易于促进。

2. 自今以后，每授一课，须先复问旧课约五分钟，次教授新课约三十分钟，再次讨论新课约十分钟，后指导预习下次所授之课约五分钟。

3. 本学期以前所授之课，应再详加整理，以期复习纯熟，并验其见解有无错误，所学是否彻底明了（教师各备小册子一本，记载平日考问成绩）。

4. 本校课程尚有修正之必要，其学科目宜稍归并，以免过于复杂。如土壤肥料可并入栽桑，遗传并入蚕种，经营并入泛论，微生物并入蚕病理等。但在高中二、三年级，每周不妨设课外演讲二时，以便讲授普通材料。④

1933 年 9 月，新学期开始之初，郑辟疆校长在学期第一次教务会议上，强调要发挥级导师的作用，要求各级导师、教师和宿舍事务员担负指导学生日常行为规范的责任，并对学生操行进行分别评定，其中级导师占二分之一，教师及宿舍事务员合占二分之一。同时，细化对学生日常上课的管理，如学生上课及自修的缺席时数达到 20 小时，则扣除学业总分 1 分；春蚕实习没能完成的毕业生，学校将不发给毕业证明，春蚕和秋蚕实习必须完成全部要求，实习缺席达到三分之一或者缺席实习重要部分的学生，必须全部重新实习；严格执行学生进入调养室休息的规定，学生休息必须有校医的证明，以防止学生借机逃课和旷课。同时，为了改善患病学生的膳食，学校决定从十分紧张的经费中单独划拨一部分以用于伙食的改善。

同时，女蚕校根据江苏省教育厅颁布的江苏省救国教育实施纲领，并根据自身女子学校和职业学校生产教育的原则，拟订了女蚕校救国实施详细方案，内容为：

---

① 江苏省立女子蚕业学校学生自治会：《蚕钟》，1931 年 1 月 20 日。

② 《江苏省县中等学校教训合一试行办法》，见杨同方：《中学训育》，世界书局 1941 年版，第 288 页。

③ 《江苏教育概览》，江苏省教育厅 1935 年编，第 115 页。

④ 苏州大学档案馆藏：《女蚕》1932 年 11 月 25 日，第 50 期。

1. 举行救国宣誓。本学期于九月十八日上午十时至十一时,举行全体学生救国宣誓,并请高康甫、费迈枢两先生演讲女子救国问题。宣誓时,由校长、导师、党义教员监察之。

2. 朝会救国励词之讲演。每晨七时前举行朝会一次,由各导师轮流监视,向国旗行敬礼,唱救国歌,高呼救国口号,并由教导正副主任、各导师、党义教员轮流演讲五分钟救国励词。朝会举行顺序:点名、肃立、唱救国歌、行礼、早操、演讲、喊口号。

3. 纪念日之纪念方法。凡遇革命及国耻纪念日,举行纪念式,请党义教员担任演讲之外,并将该纪念日之史略,指示学生使作有系统之研究。

4. 学生日常生活参用军队组织。本校蚕丝两科,除授课时依照学生编制,蚕期实习时依照程度分部编组,另有规定外,日常生活则参用军队组织,将各级学生分为若干组(每六、七人),负互相督促互相劝诫之责,组有组长,级有级长,负领导监督之责,以收指臂之效,其组织系统如下:校长——教导正副主任——级导师——级长——组长——组员。

5. 养成学生简朴忍劳耐苦之习惯。学生之食宿生活力求简单,在校出校一律穿着国货制服,宿舍起居平时进退,须严守时间秩序,以养成学生简朴忍劳耐苦之习惯。①

同时,自此学期开始,学校教导处规定学生订立生活周记表,将每周的大事、读书笔记、课外阅读及作业、经济收支情况和拟向学校建议的事项等方面详细记录,上交级导师查阅,以便学校切实了解学生的生活状况,也让学生自身可以养成良好的生活习惯,有益于年轻学生的健康成长。

1934 年 2 月,国民党政权掀起了所谓重整道德、改变社会风气的新生活运动。女蚕校为了配合这一运动,依照《吴县城厢各机关团体学校新生活运动促进会组织大纲》,于 11 月 5 日成立了江苏省立女子蚕业学校新生活运动促进会分会,选出干事 13 人,以校长郑辟疆、教职员代表 5 人和七个学级级长各一人共同组成。

1935 年 11 月 26 日起,女蚕校根据教育部制定的《中等学校利用教育播音须知》组织教育播音推广委员会,安排特别教室组织学生收听广播。广播的主要内容为三民主义宗旨、国内外重大时事以及日常生活常识等。这是国民党政府利用播音和电影等新形式推行训育工作的新表现。

1935 年 12 月,随着日本侵华步伐的不断紧逼,宋庆龄、沈钧儒、邹韬奋、陶行知、李公朴等文化教育界人士发起成立上海文化界救国会,发表宣言,要求"停止内战,一致抗日",共赴国难。1936 年 1 月 23 日,国难教育社成立,拟订《国难教育社工作大纲》。受此影响,1 月 29 日,国民政府教育部宣布国难时期之教育宗旨,组织特种教育委员推行国难时期的特种教育,随即连续颁布了《专科以上学校特种教育纲要训令》、《推进学校军事教育办法大纲》和《推进国防教育办法大纲》,并且在《关于学校教育状况及今后如何改良以适应国防要求案》中,提出了"高中、师范及职业学校平时实施军事训练及军事管理,并

① 苏州大学档案馆藏:《女蚕》1933 年 10 月 15 日,第 57 期。

于第一学年实施集中军训三个月"①等配合国难时期军事教育的要求。有鉴于此,女蚕校按照江苏省教育厅《非常时期训练实施纲要》,拟定了女蚕校非常时期训练推进方案,组织了推进委员会,由校长、教导主任、事务主任、蚕丝两科场务主任、各级导师、各科首席教员及校医等人为推进委员,并请丝专科军事教官董达四为指导员,具体负责推进各项训练事宜。其主要训练项目为:防空常识、看护训练、行军演习和精神讲话等。

3. 教师与教学

艰难时期的女蚕校,虽然教职员工的变动仍然频繁(见下表),但凭借着对教育事业和蚕丝改进事业的执着追求,只要身在教师岗位上,他们便坚持用知识和行动教育每一个学生。

女蚕蚕学教师李士良(右一)、顾国桢(左一)等

① 教育部关于学校教育状况及今后如何改良以适应国防要求案》,《中华民国史档案资料汇编》第五辑第一编教育(二),中国第二历史档案馆编,江苏古籍出版社1994年版,第1 302页。

1929～1934 年女蚕校教职员变动情况一览表①

年份	离任或病休教师		新任或调任教师	
	姓名	所任职务及学科	姓名	所任职务及学科
1929	王宝琳	原种部技术员兼蚕学教员	郑蓉镜	舍务员
	赵璧英	蚕学教员	章以兰	蚕学教员
	费枢迈	党义教员	俞鉤蠲	蚕学教员
			庄容裳	党义教员
1930	陆奇声	国文教员	蒋粹英	国文教员兼训育员
	俞鉤蠲	农学教员兼训育员	范菊依	舍务员
	徐蕴兰	舍务员	许兰贞	技术员
	王　滔	推广部员	邵伯森	养蚕实习教员
			邵申培	兼任教务主任
			费达生	推广部主任
1931	周润生		张步洲	
	周悠远	书记员	裴孟雄	书记员
	沈听潮	制丝工场事务员	张复升	制丝工场技术员
			徐玉文	制丝工场技术员
			严安言	制丝工场技术员
			张卓人	制丝工场事务员
1932			王干治	蚕科教员
			俞懋襄	蚕科教员
1933			高庚甫	党义法制教员
			谭其觉	国文教员兼训导
			张绍武	丝科教员
			周　瑛	蚕科事务员
			李孟阳	会计
1934	蔡　钺	国文教员	奚剑龙	国文教员
	马范驱	庶务员	单岳生	庶务员
	沈英权	宿舍事务员	邵英勘	宿舍事务员
	周　瑛	宿舍事务员	彭鉴冰	书记
	杨志超	丝科技术员	沈雪芬	丝科技术员

1930 年，蚕学教员刘启周因兼任江苏省蚕业取缔所的职务，可以同时领到两份薪水，便将其中一部分薪水捐出，为女蚕校添置了大风琴一只及留声机、唱片等物品，以改善学生的日常娱乐生活。而由于郑辟疆校长病假，学校安排蚕学教员邵申培代职两个月。在此期间，邵先生可以享受校长半薪（当时邵先生同时兼任学校试验场技术工作，也从校内支领半薪）180 元，但邵先生坚决不肯收受，后由郑辟疆校长决定，将其中的一部分捐助中华职业教育社，另一部分 150 元用作学校建筑体育机械室之用。在生活如此艰难的情况下，女蚕校的教师仍然时时处处为学校和学生着想、不计较个人私利的高尚情操，成为女蚕校学生的最好教材，潜移默化地影响着整个学校的精神氛围。

1935 年 9 月，江苏省教育厅派遣督学唐道海视察女蚕校。当时，女蚕校共有教师 68

① 根据《女蚕》1928 年 10 月 10 日至 1934 年 11 月 15 日中有关教职员动态消息制成。

人，其中有5人为兼任，行政机构及各学科任课情况为①：

1935年女蚕校教职员任职一览表

姓　名	所任职务及学科	姓　名	所任职务及学科
郑辟疆	校长	俞懋襄	教导处主任
王干治	养蚕科原种实验股主任	蒋粹英	教导处副主任
程　瑜	养蚕推广部主任	章步青	普通股主任
张绍武	制丝科丝厂实习主任	张复升	制丝科丝厂工厂主任
谭其觉	初蚕一国文	费达生	制丝推广部主任
王鸿冈	初蚕一动物学	单岳生	初一珠算加法
徐玉文	初蚕三煮茧缫丝学	蒋粹英	初蚕三公民
张　樾	高蚕二国文	郑蓉镜	高蚕一日文
汪家麟	高蚕二化学	朱建锵	高蚕二三角
白健济	高蚕二日文	高懋勋	高蚕二公民
周玉梅	高蚕二蚕业指导	章步青	高蚕二养蚕学
徐秀蓉	高蚕三蚕体病理	钱小云	高蚕三国文
张绍武	专修科蚕业泛论	张复升	专修科缫丝学

对于女蚕校教师们的专业水平和道德操守，唐督学十分赞赏，其中特别对张复升提出嘉奖，一是因为其在制丝工厂主任的职位上业绩卓著，二是因为张复升作为高级制丝科二年级的级任导师，对于学生们的生活周记“为最认真，除文字详细订正外，并能多注评语，指导学生思想言行”②。

在教学安排方面，女蚕校从职业教育的特点出发，在课程设置上精心布置，相对于普通中学而凸显出自身作为职业学校的特点：

（1）各年级学生所学课程中，除了党义、法制和看护学等训育色彩浓重的课程之外，均分成普通课程和职业课程两部分，其中职业课程包括蚕、桑、丝各学科的内容以及实习活动。

（2）各年级所学课程，按照学生学年的增加，普通课程逐渐减少，而职业课程逐年增加。其中，普通课程与职业课程的平均比例为：中级蚕丝科为52∶48，高级制丝科为47∶53，高级蚕丝科为43∶57。

（3）对于课程中的选修课与必修课安排，除了高级蚕丝科将英文列为选修外，中级蚕丝科和高级制丝科的所有课程均为必修课。1930年，经学校向江苏省教育厅呈请，为了增加职业课程的学习时间，中级蚕丝科免修英文课程。各学科学分总数分别为：中级蚕丝科186分，高级制丝科191分，高级蚕丝科为170～191分。

（4）学校所采用的教材，普通课程多选取能与职业教育课程相关联的版本，而职业

①② 唐道海：《江苏省立中等职业学校之总检阅》，《江苏教育》1936年8月第五卷第八期，第168～170页。

课程的教材则大多为女蚕校教师自己编写，遵循理论学习与实践指导并重的原则。

(5) 实习课程则根据蚕、丝科不同的实习特点而分为平时实习、定期实习和不定期实习三种。其中，平时实习包括栽桑、检种、解剖、煮茧、缫丝、织绵等项；定期实习包括养蚕、制种、原料、生丝检查、整理屑物等项；不定期实习则包括消毒、浸酸、烘茧、干茧、蚕种处理、蚕具消毒等项。

(6) 在教学方式上，普通课程以学生自学结合教师辅导的办法，而职业课程则结合学科特点，从设计、研究和实验等方面进行开展。

(7) 在成绩考察方式上，女蚕校对学科理论学习和实习实践课程同样看重。对于理论学习的考察方式分为日常考察、临时测验、学期考试和毕业考试四种。对于实习课程则重在日常考察，考察的对象为五类，其中实习技术占总考察分数的 30%，日常勤奋程度占 30%，遵守实习规程占 20%，个人卫生占 10%，实习学习总结占 10%。理论学习或实习成绩不及格的学生可以补考一次，实习补考则要跟随其他年级学生随时进行。

在严格执行教学计划、认真考察学生理论学习和实习活动的同时，女蚕校为了鼓励贫苦学生努力求学，特别制定了奖学金管理办法。1934 年，根据江苏省教育厅颁布的《修订江苏省立中等学校奖励清寒学生暂行办法》，女蚕校制订出学生家庭状况调查表及保证书，发放给申请奖学金的贫困学生家庭，请其家长填写并担保，然后由校长严格审查，对学习成绩优良并且家庭困难的学生，学校发给一定数额的奖学金。具体的发放标准如下①：

1. 甲等：操行优良，体格健全，学业成绩平均在八十分以上，各科均及格者，准免下一学期图书体育费，并奖助书籍膳食等费二十元。(额占总数百分之二)

2. 乙等：操行优良，体格健全，学业成绩平均在七十分以上，各科均及格者，准免下一学期图书体育费，并奖助书籍膳食等费十元。(额占总数百分之三)

3. 丙等：操行优良，体格健全，一学期内未缺一课，学业成绩平均分数及格者，准免下一学期图书体育费，并奖助书籍膳食等费五元。(额占总数百分之四)

当年 11 月，学校经过认真调查和严格审查，选取符合甲等标准的学生 4 人，符合乙等标准的学生 6 人，符合丙等标准的学生 1 人，按照规定数额发放了奖学金，从而为身处艰难时局中的贫困家庭解决了部分生活问题，以便他们可以继续学习，既为学生个人解决了后顾之忧，又为国家和蚕丝改进事业留住了人才。

而对于优秀学生的奖励，不但有学校发放的奖学金，苏南地区的蚕丝生产企业为了鼓励女蚕校这样的蚕丝改进实施单位，更好地培养蚕丝技术人才，保证蚕丝改进技术的研究和发展，也在日常生产十分困难的情况下，捐出一部分金额作为奖励学生的资金。1934 年 9 月，浒墅关壬戌馆种场和无锡瑞伦丝厂于女蚕校中特设奖学金名额各三个，以鼓励品学兼优的女蚕学生，其中“壬戌馆奖学金获得者：殷淑媛，免全膳；陆佩萱，免半膳；陆擎珠，免半膳。瑞伦奖学金获得者：林珊梅，免全膳；汪瑞娟，免半膳；严瑞莲，免半膳”②。

---

① 苏州大学档案馆藏：《女蚕》1934 年 2 月 15 日，第 59 期。

② 苏州大学档案馆藏：《女蚕》1935 年 2 月 15 日，第 62 期。

4．学生生活与就业

20世纪30年代的女蚕校，虽然面临着十分严峻的社会形势，学校发展十分困难，但通过以郑辟疆校长为首的广大教职员工的努力，学校招生规模仍然保持稳定。1929年暑假，中级蚕丝科招收新生40人，高级蚕丝科招收新生30人。1930年，伴随着制丝科的设立，女蚕校的招生数量又提高了一个新层次。当年8月进行新生入学测试时，共有496人报名参考，录取学生180人，其中中级蚕丝科51人，高级蚕丝科37人，高级制丝科31人，加上本校中级蚕丝科经审查合格免试升入高级蚕丝、制丝科学生9人以及其他高中毕业后，选修蚕科重新学习的4人，1930年8月，女蚕校共招收新生132人，实现了招生人数的新突破。

相对于招生规模的稳步发展，女蚕校毕业生的就业形势也依然良好，特别是在蚕丝改进事业逐步转入正规，苏南地区的蚕丝事业开始复兴，各地政府、团体和企业都兴办了大量蚕丝改良机构的情况下，女蚕校的毕业生获得了更加宽广的出路。

根据女蚕校校友会刊物《女蚕》中所记载的毕业生就业升学情况①，1931、1932和1933年女蚕校的毕业升学情况如下：

（1）1931年毕业生情况为：第五届高级蚕丝科毕业学生28人，第六届中级蚕丝科毕业学生32人，该级蚕丝选修科毕业学生1人，合计61人。其中，就业34人，升学17人，占毕业生人数的84%。

具体就业情况为：吴江县立农业改良场技术员4人，吴县农业改良场光福指导所技术员3人，苏州虎嘐二场技术员1人，吴江友声种场技术员2人，镇江更生种场技术员2人，杭州改良场技术员1人，江阴长泾大福种场技术员3人，无锡严家桥翼农种场技术员2人，大有一场技术员1人，杭州纬成丝厂技术员2人，镇江种场技术员1人，女蚕校蚕丝两科技术员6人，女蚕校推广部技术员1人，南菁学院普通科补习1人，升入本校高级蚕丝科15人，升入本校高级制丝科1人，镇江永和种场技术员1人，江阴农业改良场技术员1人，丹阳农业改良场技术员2人，无锡周泾港农业改良场技术员1人，苏州新苏种场技术员1人。

（2）1932年毕业生情况为：第六届高级蚕丝科毕业学生26人，加秋蚕结束后毕业者1人，共27人；中级蚕丝科毕业学生26人，加秋蚕后毕业者4人，共30人；第一届高级制丝科毕业学生27人。合计84人。其中，就业61人，升学5人，因各种原因未能及时就业和升学者18人（高级蚕丝科6人，中级蚕丝科5人，高级制丝科7人），就业升学率为80%。

具体就业升学情况为：高级蚕丝科就业为蚕业机关任技术员和蚕科教员者19人：省立蚕业试验场1人，杭州蚕业试验场1人，镇江裕民蚕种场1人，镇江永丰蚕种场1人，如皋女工传习所蚕桑科1人，女蚕校蚕科场务部1人，推广部短期指导员3人，无锡县农场指导所10人。升入省立教育学院农事教育系者2人。中级蚕丝科就业为蚕业机关任技术员者22人。另外升学3人。高级制丝科服务于丝厂、制丝合作社和在学校任技术员或教员者20人：无锡乾生丝厂7人，永泰丝厂4人，震泽开弦弓制丝合作社1人，女蚕校制

① 参见苏州大学档案馆藏：《女蚕》第47、48、56期。

丝科 3 人,农村小学 5 人。

(3) 1933 年女蚕校毕业升学情况:高级蚕丝科毕业学生 29 人,初级蚕丝科毕业学生 30 人。其中,升学者 5 人(初级蚕丝科 3 人就学本校高级蚕丝科,高级蚕丝科 2 人考入江苏省立教育学院),其余毕业学生 54 人均服务于各蚕丝机关,就业率高达 92% 。

女蚕校学生如此高的就业率,不但是对整体蚕丝改进事业发展的推动,更是女蚕校广大师生努力工作、勤奋学习的成果,而学校在学生学习之余为他们准备的丰富多样的课外活动,也为女蚕校取得如此良好的成绩作出了一定的贡献。

女蚕校具有一直以来延续不变的毕业学生外出参观蚕丝业相关地区和机构的传统,进入 30 年代以后,伴随着蚕丝改进事业的不断发展,女蚕校学生们的参观范围也日渐扩大,目的地不再局限于学校附近之地区,更加前进到上海和杭州等蚕丝业发达的地区,参观的对象包括上海生丝检查所、申报馆,嘉兴纬成鹤记丝厂、纬成庆记丝厂,杭州蚕桑改良场、高级蚕桑学校、惠纶制丝所、西湖蚕种制造场、都锦生织造厂等相关蚕丝生产和研究机构,以及各地的风景名胜,让学生们在心旷神怡之际亲身体会到了我国蚕丝业的发展现状。

而学生们在校内的活动则更加丰富,包括观看科学电影、组织演讲比赛、参加体育运动和共同读书阅报等活动。

1933 年 11 月 5 日,金陵大学理学院科普宣传队抵达女蚕校,放映科教电影,普及科学知识,包括爱迪生发明小史、汽车胎制造经过和新闻纸制造经过等内容。学生们对此兴趣盎然,兴奋之至。

1933 年 12 月与 1934 年 12 月,学校分别举行了两次国语演说竞赛。国语演说竞赛的题目每次都在竞赛前一个星期公布,均是围绕当代与蚕丝生产密切相关的问题展开。1934 年的竞赛题目为“怎样救济农村”。学校各学级先进行预赛,然后选拔出两名优秀者进入学校的决赛。决赛时间一般定为 5 ~ 8 分钟。竞赛组织邀请张复升、高一之、钱小云、俞赞陶、朱慰春、徐玉文、周玉梅等 7 位教师担任评判,决出的优胜者为林珊梅、冯彩文、殷淑媛、袁恭寿、王娥英。

自 1930 年开始,女蚕校形成了每学期举办一次全校运动会的惯例。1933 年 11 月 10 日,女蚕校照例举行全校运动大会。参赛项目为个人 50 米、100 米、200 米赛跑、400 米接力和跳高、跳远、铅球等田径项目以及排球、篮球和团体操等集体项目。学校委托中山体育专科学校的体育教员担任裁判,并发函到浒墅关各机关团体,邀请其来参观。而 1935 年 11 月 9 日,由于女蚕校开始兼办制丝专修科,招收了部分男同学入校,使得当年的第六届运动会规模扩大,不但参加的人员增加到 200 余人,运动会所设项目也增加了八磅铅球、标枪、铁饼等力量性项目,使得女蚕校运动会的观赏性更强,学生们参与的活动范围也更加广泛。

女蚕校历来重视学生们的课外阅读工作,自建校以来,图书室已经逐渐扩充为小型的图书馆,藏书有 6 000 余册。为了更好地管理图书流通工作以及更好地为学生服务,保证学校图书馆的进一步发展,女蚕校决定组织图书委员会。1935 年 2 月,郑辟疆校长聘请高一之、俞赞陶、王干治、钱小云、张绍武、邵伯生、汪滋仁、蒋粹英、严剑石等教师组成图书管理委员会,于 2 月 13 日召开成立大会,研究商讨改进图书管理和服务工作的各项事宜。

1935 年 9 月，江苏省督学唐道海在视察期间，对学校的教学和实习工作均很满意，但对学生平时的课外活动仍然提出了许多改进意见，特别是针对图书馆和体育场，他提出："图书馆范围过小，藏书不多，关于社会学科之书籍，尤鲜购置……运动场过小，不敷应用。校内亦少发展余地，应于校外另辟新操场，以重学生体育。"①女蚕校根据此种意见，立即制定了扩充图书馆及操场的计划，决定于 1936 年呈请江苏省教育厅拨款，将原来陈旧的大礼堂改建为楼房，上层作为图书馆使用，下层作为礼堂。至于运动场过于狭小的问题，学校也呈请拨款购地，准备在校外邻近地方另辟新场地。这两项呈请很快得到了教育厅的批准，学生们的课外生活又能提高到一个新的层次了。

5. 积极参与社会教育工作

女蚕校在完成学校教学工作，推进蚕丝改进事业的同时，对 30 年代中国社会状况也始终投入了很大的关注，为时值多事之秋的中国贡献自己的力量。

1931 年 7 月，江淮等地爆发罕见的大洪水，灾害持续了两个月，波及八个省份，受灾人口达到 5 000 余万。面对如此严重的天灾，女蚕校广大师生一方面配合政府的救灾措施，教师将 9 ~ 11 月份的工资捐出救灾，另一方通过教职员委员会和学生自治会等校内组织，以捐款捐物的方式帮助抗灾。据统计，女蚕校教职员、学生以及校工三部分共捐出赈灾银 813 元，于 10 月 3 日汇交上海仁济堂江苏水灾义赈会用于救灾。同时，女蚕校的学生还主动发起节膳助赈活动，从自己生活上做起，降低伙食水平，设身处地地体会受灾群众的艰难困苦。

1931 年 9 月 18 日，日本关东军炮轰我东北军驻地，进而侵占东三省。女蚕校的学生得知此消息后，也同全国人民一样同仇敌忾。他们赶制传单、标语等宣传品，连日在课余时间分组前往附近各地进行抗日演讲，以唤醒民众以经济的和生活的方式抵抗日本侵略。女蚕校通过增设救护课程，添置有关我国历史、地理的书籍，邀请知名人士到校演讲，组织全校师生宣誓抵制日货等方式，让学生了解到自己身处国难之中，更应该发奋学习，时刻准备报效祖国。

作为职业学校，女蚕校深深地懂得，发挥自身优势，利用教育手段，帮助人民，是更加有效的救国方式。特别是在日常的蚕丝改进事业推行中，女蚕校的师生了解到，阻碍先进事业推进的最大障碍是广大劳动人民受教育机会的匮乏而致使先进的生产技术无法很快被接受和掌握。于是，1931 年 10 月，女蚕校在学校附近开办农村妇女工读班，利用农闲时间普及教育，宣讲蚕业常识，"使稳固蚕作，援以简易工艺以增其副产"②。工读班开办之前，学校先期委派推广部技术员周翊、谢维徵到附近各地巡回演讲，宣传工读班的宗旨和实行办法，以尽可能多地发动普通蚕户参加。经过宣传和勘定办学地址，第一届妇女工读班定于 10 月 11 日开课，设定学额 100 名，地点定在旺米山村，招收旺米山村附近地区的养蚕妇女进行学习，要求学员年龄在 14 岁以上 40 岁以下，学期一年，农忙和蚕期内停课。工读班主要开设通识和蚕业课程两类。通识课包括三民主义、识字、习字、笔

---

① 唐道海：《江苏省立中等职业学校之总检阅》，《江苏教育》1936 年 8 月第五卷第八期，第 173 页。

② 苏州大学档案馆藏：《女蚕》1932 年 10 月 15 日，第 49 期。

算、珠算、常识等，蚕业课包括养蚕大要、制簇和制丝绵等。工读班不收取学费，书本等学习用品均由女蚕校供给。女蚕校除了派遣自己的教师担任教职外，还聘请沈长达、庞秉玮任教。工读班开办之后，报名者十分踊跃。学校根据学员所处的不同家庭环境，将其分成两种教学形式：一种为农村妇女养蚕讲习班，学员每日到校学习(有50余人)；另一种为学习时间不足的，可以加入农村妇女星期养蚕讲习班，每星期到校两次(大约40余人)。另外，为了方便群众学习，女蚕校还决定在秧田港和汤巷也设置上课地点，这样可以避免学员的奔波之苦，上课时间一般定在下午，大约两个小时左右。工读班的开办为学校附近地区的普通群众带来了新的知识和信息，也为女蚕校蚕丝改进事业的持续推广培养了信任和打实了基础。

妇女工读班开办之后，女蚕校又将关注点放在了开办民众学校，普及男子成人教育的新任务上。早在1929年，南京国民政府就下发了《民众学校办法大纲》，目的是为了"授与年长失学者以简易之知识技能，使适应社会生活"①，同时也规定了民众学校的设立原则以及管理措施。

1932年10月，郑辟疆校长委派张步洲负责民众学校的开办事务。张先生先前往附近各机关和社会教育团体参观调查，借鉴其办学经验，然后制定出实施步骤、学校简章和教学方法，随即"通告招生，同时赴乡演讲劝学"，并决定以女蚕校桑场管理处为办校地点，于10月11日正式开学。民众学校简章如下：

1. 宗旨：本校以推广识字教育，减少文盲为宗旨。
2. 校址：本校附设于江苏省立女子蚕业学校桑场管理处。
3. 学额：暂设男子成人班一班，以三十人为限。
4. 教科：党义、国语、习字、珠算、笔算、常识。
5. 修业期：定四个月，蚕期内则暂行停课。
6. 毕业：修业期满成绩及格者，给予证书。成绩优异者酌给奖励。
7. 费用：学费不收，课业用品由校供给。②

10月9日和10日，为民众学校报名之日，前来报名的人数众多。限于办学条件和办学要求，最终招收了完全不识字的男青年20人，粗略识字的男青年18人，分成甲、乙两组进行授课。11日晚7时，举行民众学校开课仪式，由张步洲解说学校宗旨及各种学习规定，随后编排座次，分发课本及学习用品，并要求甲、乙两组一同推举正、副代表各一人，从而完成了一个完整的班级建设。

10月12日，民众学校正式开始授课。在民众学校最初开办的两个月中，学员们积极性很高，上课从无迟到缺课现象，即使是在恶劣天气，大家也坚持前来学习。由于学员们大多是不识字的普通工人，对知识的接受能力比较差，教员们采用普通的授课办法效率很低，"初月中每有教一字反复十数次尚隔日不复能读者，故教授上一时颇感困难"。于是，教员们根据学员自身的特点，首先以讲故事的形式跟他们建立起沟通的有效方式，进

① 《教育部公布民众学校办法大纲》,《中华民国史档案资料汇编》第五辑第一编教育(二),中国第二历史档案馆编,江苏古籍出版社1994年版,第692页。

② 苏州大学档案馆藏:《女蚕》1932年10月15日,第49期。

而将学习内容有机地融入到故事中，使学员们在无形之中便掌握了基本的知识，从而打开了接纳新知识的大门。到学习的第二个月，许多学员已经可以整段诵读课文。对于一些领悟能力差的学员，教员们则将其编入学习小组，在每堂课的后半段，让学生任意组合，互问互答，而教师从旁纠正。这样，学生学习进步明显，教师也十分省力。对于算术课，教员们也采用此种方式，并让甲、乙两组混合，编成许多小组，指定平日学习已经有所进步的学员为各组指导，教师则监视教、学两方的错误和问题，使得整个班级不但学习效果显著，课堂气氛也十分融洽，收到了寓教于乐的效果。

12 月 12 日，开学两个月之后，民众学校举行测验，结果，学员成绩最优者各科平均分数可以达到98 分，不及格者只有3 人，学习成效十分显著。但是，此时也暴露出了民众学校所潜在的问题。对于不及格的学生，学校只能依靠其在课外补习，而本身作为零起点的成人学生，课堂学习已经十分吃力，加之还要忙于生计，对学习的兴趣逐渐丧失，加上考试成绩不理想，以致这 3 名学生最终退学，而此前因各种原因退学的学生已经有 6 人。这也让女蚕校看到了开办民众学校的困难所在。

1933 年 1 月中旬，民众学校的学生还有 29 人，但因为年节将至，前来学习的学生都忙于应付工作，已经无法按时上课，加上天气逐渐寒冷，远在其他地区的学生也相继请假。为了避免学员之间因为缺课而造成学习差距拉大，学校只能决定从 1 月 15 日起停课放假。

2 月 24 日，寒假期满，民众学校开学上课，但这时到校学生已经不足原来的三分之二。于是，学校派遣学生和教师分头了解情况并鼓励学员返校，但大有、三元各种场以及本校丝科三处的工人学员，都因为工作的关系无法前来上课，而其他店员等工友也因业务关系而大量缺课，民众学校的办学形势已经十分困难。到了 3 月，又有一批农民学员因为农忙而无法坚持上课，致使学校教学基本停顿。虽然郑辟疆校长要求以女蚕校桑场工人为基本学生坚持上课，但截至 3 月 10 日，民众学校的学生已经全部是女蚕校桑场的工人，没有任何外来人员，民众学校只能被迫结束。张步洲只能遗憾地叹息："九仞之山，功亏一篑，可惜！"①由此可以看出，教育的兴办与发展，不能仅靠学校一方的努力，只有全社会都认识到教育的重要性，各种社会力量共同努力，才能真正实现教育作用的最大化。

第四节　女蚕校的蚕丝改进事业

1. 女蚕校蚕业指导范围持续扩大

女蚕校的蚕种改良与推广事业经过起步阶段的摸索之后，到 20 年代末已经走上了系统化和规范化的轨道，各地蚕业指导所竞相开设，使得苏南地区的蚕业改进逐步深入到了许多偏僻地区。为了弥补人才的不足，女蚕校在不断培养先进技术人员的同时，也随时对当地蚕户进行培训，以便改进事业可以顺利开展。1927 年春，推广部从学校附近地区招收年轻女子 40 余名，教给她们雌雄蚕鉴别的基本知识，然后开始实习。经过 5 天

① 南京大学图书馆藏：《女蚕》1933 年 4 月 15 日，第 54 期。

左右的练习，其中的30多人已经符合鉴种的要求。经过此次培训后，推广部拟在第二年蚕期，将这些女工介绍到附近的各制种场服务，以保证春蚕的杂交制种工作可以顺利进行。

自1924年女蚕校在吴江震泽开弦弓村建立第一所蚕业改进指导所以来，学校推广部指导股在吴江和无锡等地不断推进指导工作，最多时蚕业指导所有20余处。1929年春，鉴于江苏省农矿厅和各县建设局也同样开办了一些蚕业指导所，从事蚕业指导工作，女蚕校决定暂时不再新设蚕业指导所，将蚕业指导事务委托给地方行政部门管理。而为了女蚕校的学生实习考虑，指导所又不可能全部停办，于是，女蚕校将无锡地区的蚕业指导集中于洛社，开办中央大学区立女子蚕业学校推广部指导股驻锡事务所，指导附近村民组织合作社，由程瑜、周翊负责具体事务。

但是，由各地行政机关推行的蚕业改良事业并没有收到足够的成效，特别是在一些相对落后地区，地方政府也困于人才缺乏和技术落后的限制，不得不继续求助于女蚕校。1932年秋，女蚕校为了帮助武进和江阴两地的蚕农解决多年养蚕失败的问题，着手在武进县的横林江头村和戚墅堰新河乡，江阴县的塘头桥、洞歧、胥林、南闸等六处设立蚕业指导所，指导当地蚕农的蚕种改良工作。六处指导所共指导蚕农219户，女蚕校提供优质蚕种579张。经过一段时间的工作，蚕种已经上簇完毕，来年的育蚕形势喜人，广大蚕农欢欣鼓舞。女蚕校随即决定在1933年开办养蚕合作社，将蚕种改良的效果在此地区稳定下来。

随着各地蚕业指导所的设立，蚕业改进事业的成果已经逐步显现。30年代最初的几年，虽然江苏各地经历了相当程度的自然灾害，但在蚕业指导区内的蚕丝生产状况相对良好，蚕农均能保证丰收，因此也更加坚定了女蚕校继续开办蚕业指导所的信心。进入1933年后，女蚕校在吴江花木桥、鸟家口、馄饨兜各新设指导所一处，并在震泽设立总办事处，由程瑜全权负责蚕业改进推广事宜。同时，在吴县旺米山、汤巷等地方设指导所九处，由周翊负责。又在江阴之塘头桥、洞歧两处，各设一指导所，请华衡总理其事。至9月，女蚕校在吴江、吴县和江阴地区共开办秋蚕指导所24所。在经费方面有困难的地方，学校便求助于当地士绅。其中，吴江施省之一次就捐助6 000余元，帮助蚕业指导所的设立。另一方面，蚕业指导所的增加，也为女蚕校的学生提供了更多的实习地点和机会，不仅三年级学生有机会亲身实践，就是中级蚕丝科的一年级学生也可以前往指导所观摩学习。1935年春，女蚕校推广部的指导工作已经深入到了苏锡常各地区。为了更好地推进改进工作，推广部又增聘30余位技术人员，于3月初派赴各地指导养蚕工作。同时，女蚕校还以震泽镇为中心，根据各地不同的实际情况，通过调查研究，将指导所设置到乡一级地方，初步计划在震泽地区设立20所。另外，还准备在吴县的横泾创设养蚕指导试验区一处，利用女蚕校的技术优势，继续研究现有的改进经验，争取通过最有效的方式向江苏其他地区深入推进蚕种改良事业。

2. 深化土丝改良，成立生丝精制运销合作社

女蚕校在推进蚕丝改进事业的过程中，稳扎稳打，步步为营，在蚕种养殖方面取得突破和成功之后，很快便将目光转向下一环节——制丝事业上来；而对于制丝业的改进，首先是从改良土丝生产开始的。女蚕校推广部的土丝改良工作，还是以震泽之开弦弓村为

肇始的。当时，震泽本地虽然有丝厂，但蚕户不愿售茧，生产出来的茧，都自己做成土丝，并且将优质的土丝翻成辑里干经，行销国外；而质量差一些的便供应国内的丝厂。如果通过制丝业的改良，使丝厂所生产出来的生丝粗细均匀，断头必接，颣接必去，那么丝的质量便可大幅提高，丝价自然也可提高，蚕农可由此增加收益。所以，在土丝盛行的震泽推进此项改良工作是非常有实际价值和现实意义的。

女蚕校推广部于1925年开始在震泽开弦弓村试行土丝改良。当年参加的蚕农只有10户，成丝276两；1926年成丝1 385两；1927年成丝13 090两。质量虽已提高，但为数实在太少，无法起到足够的推广示范效果。而震泽当地的丝行也认同土丝改良的重要价值，给土丝改良工作予很大的支持。于是，女蚕校决定在震泽塔寺设立土丝改良传习所，派遣女蚕校的技术人员前往教授蚕农使用改良丝车，从而更大规模地推广土丝改良。至1928年，共改良丝车92部，参加传习所的蚕农有89户，成丝达27 360两(丝码秤17担零10斤)。开弦弓蚕户对经过改良之后的制丝生产产生了极大的兴趣，开始要求女蚕校帮助他们实现机械制丝，突破几千年来中国农村土丝生产的落后方式。于是，女蚕校的教职员工开始着手准备在开弦弓村创办中国自己的农村自办机械制丝工业。

要开办机械制丝工作，首先需要的是经费和机器设备。女蚕校于制丝科成立之前，国内就有全套复摇式的制丝机械。这套机械是当时上海粤商欧谭惠然女士所赠。欧谭女士曾在上海举办孤儿制丝传习所；传习所停办后，拟赠给孙中山先生运往广东，但没有实现，于是改赠给女蚕校，女蚕校则限于经费和配套设备等而一直搁置未用。在此情况下，女蚕校正好将其拨借给开弦弓丝厂。这就首先解决了机器设备的问题。至于经费问题，于1928年成立的江苏省农民银行，因其主要以农村合作社为放款对象，便成为女蚕校求助的对象。女蚕校凭借养蚕合作社卓有成效的工作以及土丝改良业已取得的成果，愿以技术为保证，请农民银行对开弦弓开始贷款。当时，江苏省农民银行的负责人王志莘在实地考察了开弦弓村丝业改良的进程之后，十分赞赏女蚕校在农村所做的蚕丝改进工作，并且完全同意女蚕校建立农村机械丝厂的计划，贷款很快如数拨付，为开弦弓村的制丝工业提供了必备的条件。

1929年2月23日，开弦弓村有限责任生丝精制运销合作社正式成立。合作社“集合社员鲜茧，精制生丝运销外洋，以节省社员消费，增加生产利益”①为目的，共有社员429名，基本包括了开弦弓村的全部住户和邻村村民50余户。以10元为一股，当年共入700多股，并选举促成第一个蚕业指导所建立的陈杏荪为合作社理事主席。合作社成立之后，农民们利用农闲时间共同破土奠基、建设厂房和搬运机器。女蚕校还请来了杭州纬成丝厂的技术人员帮助安装机器。8月5日，开弦弓丝厂正式投入生产。丝厂有缫丝车32台，复摇车16台，员工67人。丝厂通过统一收购蚕农的鲜茧，评定等级之后，先支付70%的现款，然后加工成生丝。生丝出售之后，再按照售价高低和社员的股份进行分红。这样，如果蚕茧出丝率高，生丝售价高，那么蚕农的收入就会相应增加，从而大大激发蚕农的生产积极性，并保证丝厂出产的生丝质量优良且质地统一。

开弦弓丝厂是我国蚕丝业史上第一个农村自办机械制丝厂，它的成功开办具有划时

---

① 余广彤:《蚕魂——费达生传》，苏州大学出版社2002年版，第71页。

代的示范作用，成为我国蚕丝业改进道路上的重要里程碑。即使在1930年后，世界遭遇了全球性行业不景气，丝价暴跌、各地丝厂纷纷倒闭，而开弦弓丝厂凭借其在经营模式和生产技术上的优势，经营状况依然蒸蒸日上，并继续进行技术改良，使用立缫车，所制成的生丝品质更高，使其生产的蜜蜂商标生丝成为上海各绸厂最为欢迎的原料。其后，开弦弓丝厂在抗日战争中，被敌伪势力所忌恨，所有机械全部被人盗卖，农民愤而自毁其厂房，但女蚕校所引导创立的将农村合作社与农民自办工业有机结合的农、工、商一体化模式，仍然成为我国农业改进事业领域极具价值的先进经验，1935年，国民政府中央合作研究班参观团在实地考察了开弦弓村后，在报告中称：该合作社“份子健全，组织完密，自选种育蚕，至于缫丝，无不采用科学方法，以致业务发展有蒸蒸日上之势，非独为一县一省生产运销合作社之楷模，抑亦全国之标榜也”①。

开弦弓生丝合作社剥茧室

① 余广彤：《蚕魂——费达生传》，苏州大学出版社2002年版，第72页。

开弦弓生丝合作社复摇室

开弦弓生丝合作社煮蚕室

开弦弓生丝合作社缫丝室

开弦弓生丝合作社选茧室

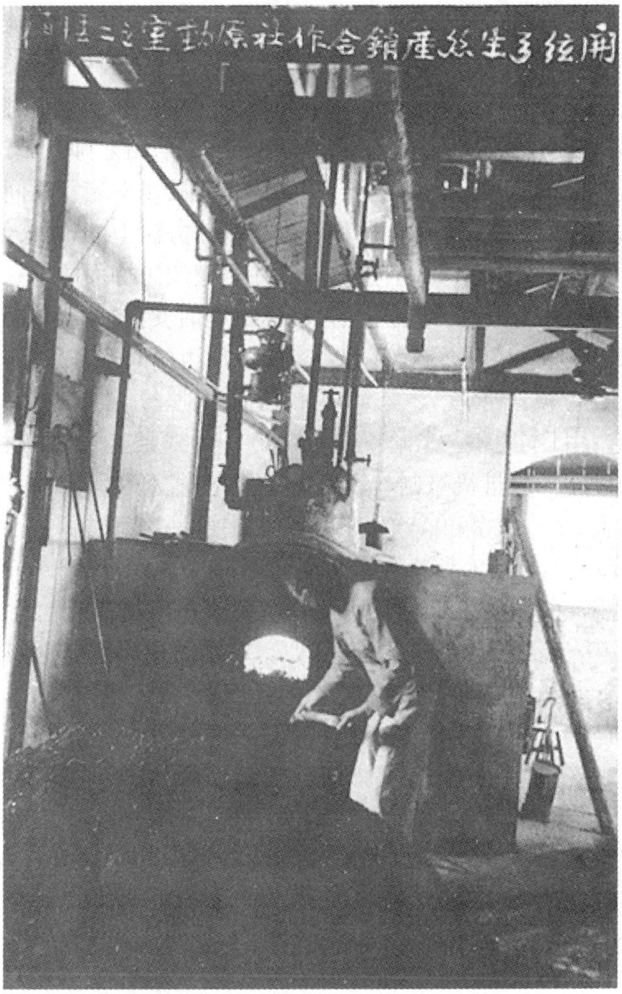
开弦弓生丝合作社锅炉室

3. 参与改造地方丝厂，推广制丝技术改良

进入20世纪30年代之后，女蚕校在农村实行的养蚕制丝业的技术改进，已经由改良蚕种与土丝改良而进一步达到机械制丝的阶段，之后又开始着眼于我国近代制丝工业的改进。当时，经过世界性经济危机的严重打击，中国蚕丝工业发展停滞，丝价持续低落，致使众多丝厂纷纷倒闭；即使少数能够开工的丝厂，也只将维持丝厂运转的措施集中在节约成本上。而此时我国丝厂在技术和设备上的所有弱点均暴露无遗，从制丝机械来说，除浙江纬成丝厂外，还都是千篇一律的1862年欧洲式大篗直缫机械，已经完全不能适应世界丝绸工业之进步情况；而在制丝技术上，煮茧依然由童工打盆，剥茧依然用手工；对生丝检验除用纤度秤和检尺器外，全凭目力分级；成丝打绞包装，都用欧洲格式，根本不研究外销的需求；甚至出产的丝片表里品质都有不同。因此，在欧美市场上，中国产的生丝早已无法与日丝竞争，这尤其在经济衰退时期更为显著。

至此，女蚕校认为进行制丝技术改进事业已经刻不容缓。而当时无锡等地的丝厂也感到推行制丝改进事业的紧迫性，从生产技术的改进到技术人员的需求，都要求女蚕校提供足够的帮助。女蚕校随即作出回应。

在技术人员的供给上,学校为了配合当年的丝业生产,果断决定将制丝科第一届学生修业期由三年缩为两年,丝科学生的学业提早到新茧上市之前结束,以便在新茧开缫时学生们能及时入厂服务,对这批毕业生尚未完成的一些课程,由老师在旅馆中予以补习。在这批毕业生进入丝厂之后,首先对当地丝厂的女工施行技术鉴定。期间,虽然遭到了部分对此不理解的工人的反对,但经过女蚕校和厂方在工作方法上的改善,使得技术人员的训练工作能够继续顺利进行,取得了新型技术人员在制丝改进方面的第一次胜利,这也是在中国制丝工业上重视技术的开端。在生产技术方面,当时女蚕校早已在开弦弓丝厂采用小篗复摇丝车。1930 年,女蚕校开办制丝科后,实习丝厂也同时开车,一切设备较新,在制丝技术和机器设备上处于领先地位。于是,女蚕校便向当地丝厂推广各种经过女蚕校试用过的先进机器设备,包括日本大和三光循环式烘茧机、千叶式煮茧机、黑板机以及由女蚕校自主研发的女蚕式立缫车等先进机械制丝设备。这些先进设备的介绍并使用使当地丝厂机械化的程度明显提高,生产效率和成丝质量有了脱胎换骨的变化。

当时,无锡的瑞纶丝厂是一所大篗直缫的旧式装备丝厂。1932 年,其厂主吴申伯虽然已经意识到进行制丝改进的必要,但并没有彻底改造的决心和信心。于是,吴厂主便求助于女蚕校,希望能逐步展开改进事业,在取得一定的成果之后,再着手进行彻底的改造。其时,女蚕校所推进的蚕种蚕茧改良已由吴江发展到无锡,蚕茧质量确已提高,加之秋茧产量日益增加,使得对制丝技术与设备的改进要求也日益迫切,而对瑞纶丝厂进行彻底改造,无疑将对整个制丝业的改进产生巨大的影响。于是,女蚕校决定派驻当时学校实习丝厂主任费达生亲自主持瑞纶丝厂的改造工作。这是推广部继开弦弓村机器制丝取得成效后,又在制丝工业上找到的推动制丝改进的新示范基地。在开始改造之前,女蚕校与瑞纶丝厂订下了改造合同,并由双方同意将瑞纶丝厂改称为玉祁制丝所。其改造内容大体包括以下几个方面:

玉祁制丝所大门

玉祁制丝所全景

(1) 在机器设备方面,完全采用新式机器。缫丝车用日本半田式立缫车,第一年先设180台。当时,日本已经允许此种机器的出口,为了提早完成改造计划,遂决定由日本半田厂和上海寰球铁工厂各承办一半的机器而共同安装。第二年复由寰球铁工厂续装80台,从而完成了260台立缫车的设备。车间厂房方面,除对原有车间、机炉间加以改造外,其他如技术人员办公室、女工宿舍、卫生设备、员工俱乐部、教室、会议室、食堂、洗面室、医务室、庭园走廊等生活设施完全新建。这样,不但可以保证工人居住在厂内,方便上班,而且在生活上完善了工人们的居住环境,极大地提高了他们的生产积极性。

(2) 在职工培训方面,原有职员利用其工作经验,各自发挥所长。普通女工则以原有坐缫和打盆女工为基础,再从女蚕校和开弦弓合作社调补一部分,共同加以训练,并定时讲授知识技能,提倡注意品德,革除不良习惯,讲求技术进步,从而极大地保证了产品质量的提高。不久之后,瑞纶的金锚牌高级生丝在出口贸易中即大获好评。

(3) 在生产技术方面,通过实践中的反复研究,逐步加速丝轴的运转,并在选剥和煮茧等各个环节加以适当的调整,一个月后便取得了明显成效。同时,因为生产技术上能专心研究,确实提高了生丝质量,减少了蚕茧缫折,降低了加工成本,使得工人工作时间减少而所获报酬比一般丝厂高,工人的积极性亦因而得到提高。

(4) 在经营模式方面,过去丝厂的经营者都是出资建厂后依据丝价,减去制造费和利润,以定茧本。到了30年代,这种经营方式已完全过时。女蚕校承办改造瑞纶丝厂,首先由双方协定:"经营上分资产基建、丝茧与加工三个部门,分别负责。资产方面,必须将所有设备符合时代化要求,依合理折旧计算,定为租金;丝茧方面,必须以优质优价收购优良蚕茧为高级生丝之原料;加工方面,必须负责提高生丝品质,减少加工成本。其加工部门,完全由推广部负责经营,一如租厂经营代缫的性质;产业部门,完全由推广部负责对生丝推销改造,而由双方协定其折旧金额;丝茧部门,由厂主负责对蚕茧收购,由推广部协助其技术改进。"①

一年期满之后,费达生以玉祁制丝所的生产秩序已经确立,女蚕校推广部对该所工作可以告一段落,乃返回学校。经过改造之后,瑞纶丝厂已是一所拥有 260 台小篗复摇式机器的丝厂,经营上也完全遵循典型的工业化经营模式,成为我国首先彻底改造的新型丝厂,其生产能力和规模已绝非一般丝厂可比。

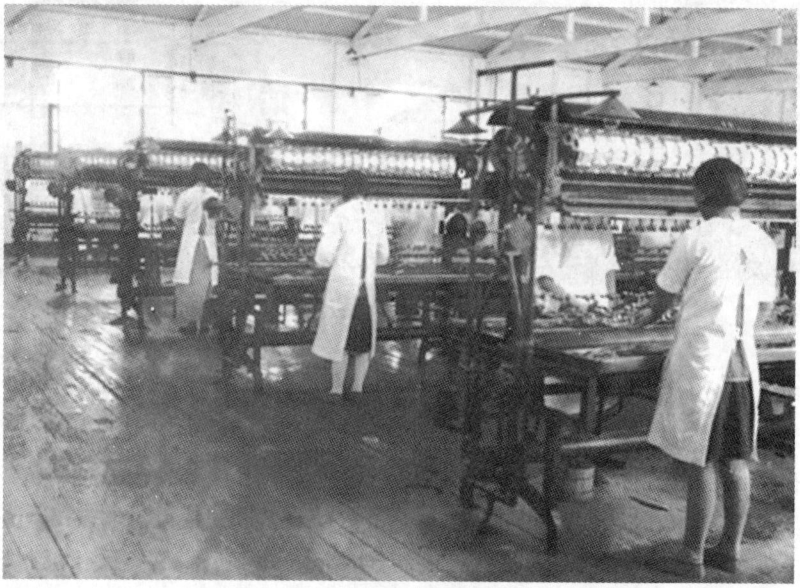

玉祁制丝所车间 1

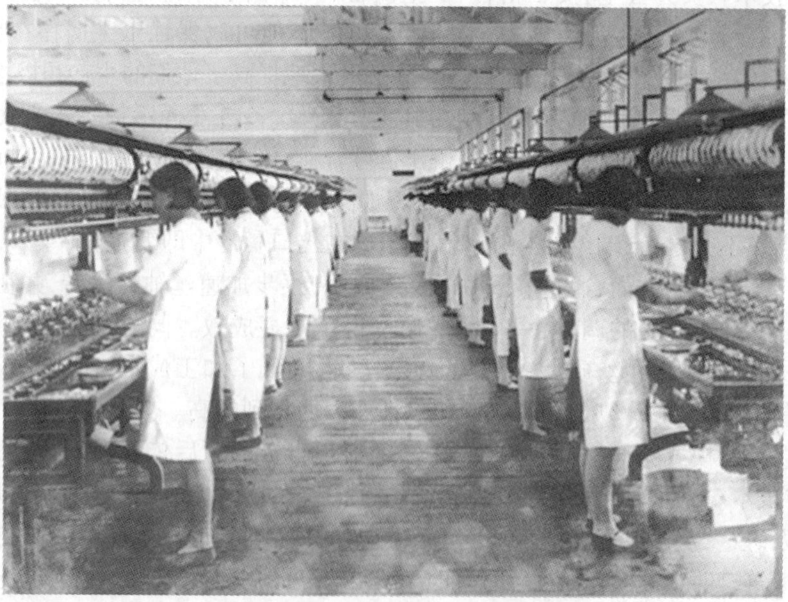

玉祁制丝所车间 2

① 郑辟疆:《浒墅关蚕校对蚕丝事业改进的经过》,《苏州文史资料》第 1 ~5 合辑,288 页。

玉祁制丝所车间 3

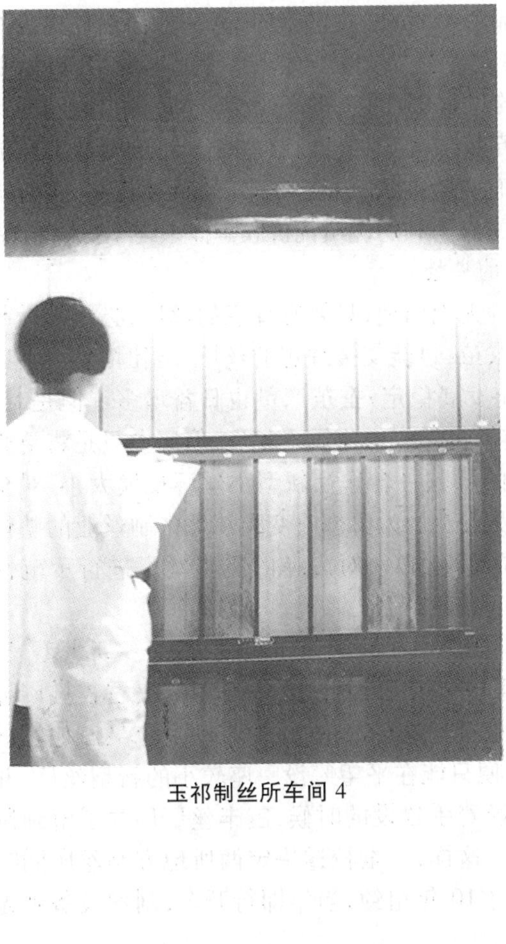

玉祁制丝所车间 4

玉祁制丝所车间 5

玉祁制丝所车间 6

在玉祁制丝所改造成功后，女蚕校为进一步推进蚕丝业的良性发展，开始积极倡导蚕丝产业之间的良性互动，一方面倡导提高生丝品质，提高丝价，另一方面倡导提高蚕茧品质，以利制丝。并且在烘茧技术上和缫丝工艺操作上，倡导节约加工费用，以减低成本。女蚕校在玉祁制丝所制造高级生丝的过程中，通过提高丝价，进而对收购原料提倡优质优价，同时设评茧台，订出合理的评茧办法，鉴定茧形、茧色、茧层、茧蛹及上车成数以评定茧级，再分级定价。通过此种切实有效的办法，当地所获茧质逐年提高，茧价随之上升，丝厂和茧农均取得了相应的利益，工、农两利的优质优价收购体系终于得以实现。

4. 设立地方制丝所，实现养蚕与制丝的良性互动

养蚕和制丝是互为影响、兴衰相共的。无论何地，只要有理想的丝厂，必能带动起蚕桑的发展；同样，无论何地，只要有优质的蚕茧，也能支援理想的丝厂。当时，吴江县盛产茧桑，经过女蚕校前期的推广指导，养蚕业发展稳定，蚕茧产量也日益增多。但是，吴江地区丝厂却无法满足蚕业的蓬勃发展。震泽虽然有一家震丰丝厂，但厂主只是将目光盯在自己丝厂的盈利上；而女蚕校协助开办的开弦弓合作社新型小丝厂规模太小，对全面推广制丝改进无法起到明显作用。因此，女蚕校认为要想改变吴江地区制丝业的整体面貌，促使养蚕与制丝能够出现良性互动局面，就必须对震泽的震丰丝厂进行示范性的改造。

震丰丝厂创立于 1927 年，设有坐缫车 416 台，带川式烘茧机两台，是一所大型丝厂。由于不能适应发展要求，又不善于经营，至 1934 年已经停办。1935 年，女蚕校推广部即计划租用该厂，利用改造玉祁制丝所的经验对其进行改造，从而带动整个吴江地区的制丝改进事业。但是，因为未获丝厂的同意，便只能在平望筹设一座较小的新型丝厂，并附设烘茧部，以应急需。而在平望制丝所已经着手建设的时候，震丰丝厂厂主了解到制丝改进可能给丝厂带来的变化，又同意出租。这样，女蚕校遂决定两所地方制丝所同时成立。震丰丝厂改称震泽制丝所，与厂主签订 10 年租约，当年即行开车，制丝设备则先改

装小篗复摇车而加用接绪器，废除打盆，继又改用女蚕式立缫车。其经营方式以代缫、代烘专业经营为主，接受本地区各蚕业合作社共同委托代缫或共同委托代烘，有余力时则为其他丝茧商代购、代烘和代缫。此种经营方式不但解决了吴江地区在养蚕业发达之后的蚕茧机械缫丝问题，更为当地的劳动力提供了工作机会，既满足了蚕丝改进事业的需要，又为当地农民带来了切实的帮助。而平望制丝所则建设规模缩小，邀请无锡丝商投资，采取全部新式建设方式，设立60部立缫车，大型烘茧机一台，配合震泽制丝所开展机械缫丝工作。

至此，女蚕校从20世纪20年代着力推动的蚕丝业改进事业，已经在女蚕校周边的吴江、无锡等地区造就了一条新蚕丝业的产业链。从开弦弓村指导养蚕为肇始，女蚕校先将指导工作着眼于旧蚕种的改良和新蚕种的推广，使得蚕农得以从根本上生产出优质的蚕茧，为蚕丝业其他环节的发展提供稳定而优良的原料。在蚕茧产量和质量都能得到保证之后，女蚕校便继续推进，开展鲜茧共售，组织蚕农进行集体销售，减少在销售环节可能遭到的欺诈，从而保证蚕农利益实现的最大化。共售鲜茧进一步发展之后，便出现了共同干茧的升级销售行为，通过科学的鉴定，凭缫折等评价，使得蚕茧销售更加公平合理，在保证蚕农利益的同时，也为丝厂能够得到质量优良且质地统一的原料打下了坚实的生产基础。其后，当蚕丝改进事业推广到丝业制造上来的时候，女蚕校首先在开弦弓开办生丝供销合作社，并建设了中国农村最早的农民自办丝厂，不但在技术上得以推广新技术，更为新的经营模式提供了试验基地，为今后对各地方丝厂的全面改造活动提供了先进的范式。在开弦弓丝厂的生产过程中，女蚕校为了进一步扩大新蚕丝改进事业的影响，以小规模的开弦弓丝厂为经验，积极参与到周边地区各大型丝厂的改造工作中去。在改造丝厂生产技术与机械的同时，还将养蚕地区的蚕丝销售与先进丝厂的高级生丝生产相结合，建立了相当范围内的蚕丝代烘、代干、代缫机制，使得整个地区的蚕丝事业形成了从蚕种改良到蚕业养殖，从蚕茧销售到机械制丝，从制丝改良到蚕丝代缫，这样一整套的蚕丝业养殖、生产和加工体系，从而在根本上改变了女蚕校周边地区，同样也是中国蚕丝业发达地区的生产状况，使得中国近代的蚕丝生产在真正意义上实现了近代化，并取得了可以和日本蚕丝业相竞争的自信和实力。但是，20世纪30年代后期，中国遭受了日本帝国主义的全面侵略，江南蚕丝发达地区沦为敌占区，女蚕校的蚕丝改进活动被迫停止，许多刚刚取得的改良成果都被无情的战火所毁灭。但即使这样，女蚕人进行蚕丝改进事业的决心并没有任何的动摇，在他们辗转迁移的路途中，他们随时都在努力完成自己所担负的任务，并将新的改进事业推进到祖国的大西南——重庆地区。

第四章　抗日战争时期及战后的蚕校(1937～1949)

第一节　停课与迁移

1937年7月7日,日本军队制造了"七七"卢沟桥事变,悍然发动了全面侵华战争,近代中国随即进入了八年抗战阶段。8月13日,日本侵略军又在上海发动"八一三"事变,开始进攻上海,战火烧到了长江下游地区。随后,日本开始了对苏州、无锡等地的轰炸。9月上旬,敌机炸毁了女蚕校平望镇制丝所的机房和车间。11月12日,日军攻占上海后,便沿长江西进,开始进攻苏州。郑辟疆校长带领留校的部分职工,携带几十箱蚕种和贵重教学仪器坐船进入太湖的马迹山避难,同时组织部分学生先后在光福和马迹山等地设立临时学校,尽力维持教学。费达生在处理完震泽制丝所事务后,与家人躲避到浙江天目山,后又随难民撤退到皖南屯溪。11月19日,日军攻陷苏州,女蚕校的校舍和实习丝厂全部被炸毁,震泽的制丝所被烧毁,留下看守厂房的老工人也被残忍地杀害了,而所有临时学校也全部停办,学生遣散回家,学校的教学工作完全瘫痪。

太湖马迹山上课旧址

1938年春,经过几个月的避难,郑辟疆始终担忧学校的工作,便秘密潜回浒墅关处理学校的许多善后事宜。费达生得知消息后,也前来会合。他们与当时女蚕校留守的教职员商议后,决定首先解决三件事:"(1)为便利于处理一切应办事宜,立即在沪设办事处;(2)为保护青年技术人员,应即设法打通后方服务的路线;(3)为照顾蚕农的生活和生产,对指导下之合作社未了事项,不论如何困难,必须予以结束;代为预定之蚕种,要负责领到发清,劫余之共干茧,宜协助其出售,聊以减少损失①。"其中,第一件事由郑辟疆负责办理,带领部分教职员前往上海,筹设办事处,通知部分学生到沪复课,并继续处理女蚕校及推广部的未尽事宜,同时负责组织和帮助部分师生向后方转移。第二件事由费达生负责。费达生通过原江苏省农业银行王志莘的帮助先行入川,并在沿途设法帮助女蚕校

① 郑辟疆:《浒墅关蚕校对蚕丝事业改进的经过》,《苏州文史资料》第1～5合辑,第291页。

的学生进入四川。在进入四川后，随即着手为女蚕校在后方的复校进行准备工作。至此，女蚕校暂时分为上海和四川两个部分，各自发展，以期共同度过战争中的危险岁月。

第二节　各地女蚕校的建立与教育活动

1. 上海沪分校的建立与教学

1938 年夏，女蚕校在上海设立办事处，借用南京西路大夏大学的教室作为上课的地点，召集高年级学生回校复课，以便补完课程毕业。同时，学校在上海当时租界内爱文义路（现北京西路）觉园 5 号设蚕丝专科学校沪分校。郑辟疆校长委派汤锡祥为教导主任，陆子容为总务主任负责学校各项事务。当时，沪分校的主要教师有曹诒荪、姜白名、刘蔚、周元功、程文治、严志弦、汪葆、吴献书、朱建锵，邹景衡、冯大为、秦瑛等 20 余人。

女蚕在上海办事处大门（卫乐园七号）

蚕专上海分校大门（觉园五号）

沪分校建立后，仍设制丝、养蚕两科，1939 年招收养蚕科一班 18 人，制丝科一班 19 人，1940 年又招收各一个班。沪分校利用上海租界相对便利的条件，积极采购教学所必需的图书和仪器，以尽可能地在战争期间保证教学质量。同时，依靠其他兄弟院校和蚕丝业界同仁的支持解决办学中的其他困难。学校的物理、化学实验课程是借用上海交通大学的实验室进行的。养蚕实习所需的桑叶则由合众蚕桑改良会上海试验所提供，实习活动就在教室进行，而制丝实验则是在上海寰球铁厂专设的一个小型制丝实习工场中开展的。另外，女蚕校还得到了上海各大蚕种场和丝厂的同意，学校任何大规模的养蚕、烘茧实习都可以随时在他们的工厂内进行。1941 年 12 月 7 日，日本偷袭珍珠港后，太平洋战争爆发。12 月 8 日，日军进入上海租界，为了不被日本接管，沪分校被迫停办，所有教职员辗转前往四川。

沪分校招收的第一批养蚕和制丝两班随即结束学业，进入上海、江苏等地各丝厂和种场作毕业实习，定于1942年7月毕业。第二批招收的两班学生合并为养蚕科一个班，转移到大有蚕种场实习并继续补习课程到1943年7月。该班的学生除少部分人入川外，大多在各地蚕场和丝厂从事技术工作。

2. 四川本校的建立与教学

1938年5月，费达生抵达重庆，通过王志莘的介绍和其在蚕丝业的声誉，很快便被四川丝业公司聘请为制丝总技师。费先生利用这个身份，先为陆续前来四川的女蚕校教师和学生在丝业公司及其下属的工厂安排工作，解决生活问题。但是，四川丝业公司并不愿意接受女蚕校在重庆办学。随后，费先生又前往昆明，了解女蚕校迁往云南的可能性，但"从弟弟(费孝通)口中得知，清华大学、北京大学搬到大后方尚未安定下来，小小的蚕校当然更难安排了"①。正在此时，时任新生活运动妇女指导委员会生产事业组组长的俞庆棠先生，准备在四川建立一个蚕丝试验区，邀请费达生前去主持。费先生便首先跟随俞先生前往永川地区考察，着手先在重庆附近建立一个纺织实验区，随后费先生又前往川南地区为蚕丝试验区选址。在对川南，特别是乐山地区的考察过程中了解到，乐山地区虽然蚕丝业十分落后，但自然条件得天独厚，当地特有的桑树出产的沱桑不仅质量好而且产量大，只要配合优良的蚕种，便能很快发展成蚕丝先进生产区。于是，费先生立刻告知身在上海的郑辟疆，邀请其前来川南，并在此地为女蚕校复校。

郑辟疆与在川师生合影

1939年7月，郑辟疆率领逗留在江苏、上海等地的师生到达川南，随即租下乐山平江门内富新绸厂作为临时校舍，蚕丝专科学校的"养蚕学科及特设四川丝业公司制丝技术人员养成班"和女蚕校的"高级蚕丝科均先后于八月十五、十六，八月廿五日，九月五、六日分别招收一年级新生"②，正式复校上课。但是，当时四川全境已经进入日军飞机的轰炸范围，而且面对敌机惨无人道的无限制轰炸，乐山城内已经无法安全授课，学校被迫组织学生疏散到城外牛耳山乐山蚕种场继续上课。在这种艰险的环境中，女蚕校为了能够在乐山尽快复校，并开展蚕丝业的改进活动，进行了卓有成效的复校准备工作，使得女蚕校在迁入四川之后能够继续保证教学工作的顺利开

① 余广彤：《蚕魂——费达生传》，苏州大学出版社2002年版，第112页。
② 第二历史档案馆藏：《江苏省立蚕丝专科学校等校迁校、复校的文件》，全宗号5，案卷号5451。

展。其主要工作包括下面两个方面：

（1）建筑校舍。女蚕校在进入川南之后，很快便在位于乐山城外不到三华里的白岩镇购买了地基45亩，作为建筑校舍用地。此地处于乐西公路东端，交通便利，非常利于今后教学和实习工作的开展。1941年7月初，校舍建筑次第完工，全校在8月迁入新校舍。1942年春，学校在与乐山蚕丝试验区合办嘉阳蚕种制造厂的过程中，得到中国农民银行的贷款100万元，从而继续扩建学校教学建筑，分别修建了蚕室、上簇室、贮桑室、雌雄鉴别室各一幢。这样，既保证了蚕丝的生产，也为学生实习提供了必要的环境。综合学校入川以来的建设成果，到1943年，女蚕校在四川可使用的校舍计为："教室四、办公室六、食堂一、男女宿舍十三、厨房二、门房一、会客室二、工人宿舍三、贮茧库一、制丝工场一、煮茧工场一、烘茧灶一（乐山蚕丝试验区设置）、蚕室七、上簇室九、贮桑室七、贮藏室二，合计七十余间。此外尚有乐山蚕丝试验区所备白岩镇办公室一幢，必要时亦可商借使用。"①另外，学校还种植桑园三所，共有36亩，还利用校舍的空地植桑大约10余亩。

女蚕四川乐山校址

① 苏州大学档案馆藏：《江苏省立女子蚕业蚕丝专科学校抗战期间概况》，档案号总022-2。

女蚕四川部分校舍

(2)教学图书与设备。女蚕校经过开战以来的历次搬迁,进入四川之后,原来学校所存的图书都已经散失不见了,只从上海带来了沪校复课后所购买的部分图书。但是,由于当时日本的蚕丝业非常发达,所以女蚕校原本使用的蚕丝方面教学参考书大多为日文书籍,而在抗战的背景下,在后方是根本无法购得这方面的新书籍的。因此,女蚕校入川之后购置的图书大多为中文或者西文图书,还有一部分是盟国相关人士捐赠的图书,总数大约2 000余册,杂志大概有30余种。关于仪器设备,"机械制丝方面有铁制多条缫丝车两部(乐山蚕丝实验区设置)、木制多条缫丝及座缫车各一部、煮茧灶一副、复摇车十部、黑板检查一副、梭尺器四具;养蚕方面有足供制造蚕种一万张之设备,并有显微镜四架、解剖器□□□三十余组、比重计、温度计各一;桑蚕标本、栽桑方面有实验用具三十余副,足覆学生研习之用;体育方面有排球场一、篮球场一、台球台一,可供给各级学生运动之用"①。在医疗卫生方面,女蚕校与乐山中心卫生院建立了良好的协作关系,将其定为特约医院,从而在一定程度上实现了对广大教师、学生身体健康方面的保障。

在基础建设和教学设备得以保证之后,女蚕校复校最重要的条件就是经费问题。当时,女蚕校在迁入四川之后,原本所有的经费来源都已经断绝,要想继续办学,就必须依

① 苏州大学档案馆藏:《江苏省立女子蚕业蚕丝专科学校抗战期间概况》,档案号总022-2。

靠当地各方相关单位、团体和人士的支援①。但是仅有各方的支援并不能从根本上解决学校的经费问题,学校的复校工作一直受到经费支绌的困扰。在1943年,女蚕校就曾经因为当年后方物价飞涨,致使学校各项经费超支30余万元,所幸学校利用自身优势与乐山蚕丝实验区合办嘉阳蚕种场,学校的教职员工均在蚕种场内担任各项工作,因此可以解决教师职员们的部分薪金问题,而学校其他的一些杂支消耗以及工役工食也均由蚕种场开支。凭借着此种方式,学校暂时渡过了难关。

1942年四川本校师生

1939年秋,女蚕校和蚕专校正式在乐山复校。其中,蚕专校暂设三年制养蚕科专科班一级,学生入学资格为高中毕业生。至于制丝科,因限于师资与设备暂未开设,而受四川蚕业公司委托,开设了一个蚕丝制丝技术人员训练班。女蚕校则设高级养蚕科一年级,共有三级。1940年秋,两校因各科级校舍尚未建成,所以没有招收新生。1941年夏,蚕专校专科三年级生派赴关内各农蚕机关进行校外实习;制丝技术人员训练班毕业后,全部派赴四川丝业公司服务。同时,招收专科一年级新生一班。1942年秋,女蚕校和蚕专校招收新生各一班。1943年秋,仅招专科一年级新生一班。9月,以两校已设班级而言,蚕专校有制丝专科一、二、三年级三班,女蚕校有二年级一班。在校学生数以及抗战以来毕业生人数详情见下表②:

1943年女蚕校及蚕专校在校学生人数表

年级 科别	一年级		二年级		三年级		合计
	男	女	男	女	男	女	
专科 养蚕科	16	5	4	11	2	6	44
女蚕 养蚕科				19			19

① 参看附录4《女蚕校在川时期历年经费来源表》。

② 苏州大学档案馆藏:《江苏省立女子蚕业蚕丝专科学校抗战期间概况》,档案号总022-2。

女蚕校及蚕专校抗战期间毕业生人数表

校别		科别	毕业学生人数				
			二十八年度	二十九年度	三十年度	三十一年度	三十二年度
江苏省立蚕丝专科学校	川本校	养蚕科				20	
江苏省立蚕丝专科学校	川本校	制丝技术人员训练班			16		
江苏省立蚕丝专科学校	沪分校	养蚕科				19	11
江苏省立蚕丝专科学校	沪分校	制丝科				19	
江苏省立女子蚕业学校		高级养蚕科	20	16		26	

女蚕校和蚕专校恢复教学后，尽量按照教学的原有要求开设课程。各班级开设的课程有：三民主义课程、军事训练、体育、国文、英文、日文、物理、化学、有机化学、蚕桑化学、生物学、微生物学、气象学、昆虫学及实验遗传学、土壤学、肥料学、经济学、农业经济学、蚕业推广统计学、蚕业泛论、蚕业法规、蚕业经营、蚕体解剖学、蚕体生理学、蚕体病理学、桑树栽培学、桑树病虫害学、养蚕学、蚕种学、制丝学、蚕体解剖实验、蚕体病理实验、栽桑实验、养蚕制种实习、制丝实习、干茧烤茧实习。学校利用大量学校内迁四川的条件，邀请国立武汉大学、国立中央技术专科学校和私立常州中学①的老师前来任教基础课，弥补了基础课教师不足的缺陷。

1943 年四川本校师生纪念校庆

① 参见附录5《抗战时期蚕专校和女蚕校任职教职员工一览表》

在四川期间，蚕专校还编辑出版《蚕丝月报》，内容分论著、研究、译述及蚕丝情报四部分。从 1939 年 9 月创刊至 1941 年 5 月，共出版 21 期。

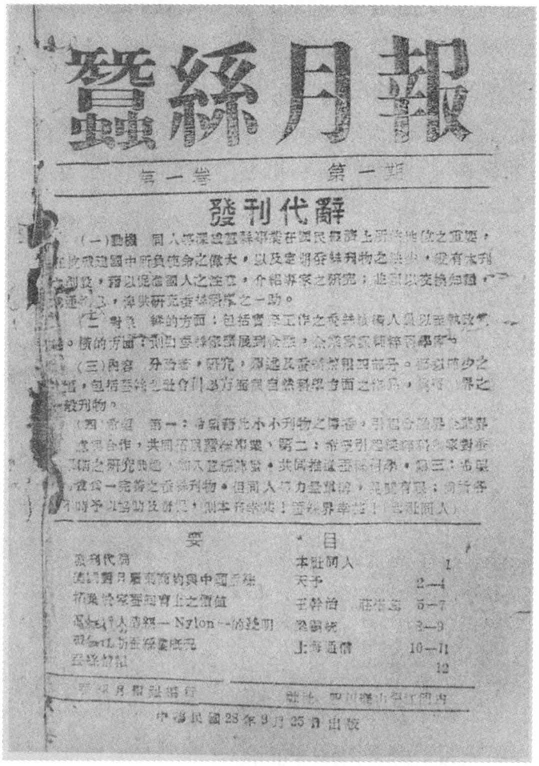
蠶絲月報

第一卷　第一期

發刊代辭

要　目

本社同人　1

中華民國28年9月25日出版

女蚕于四川发行的蚕丝月报

3. 占领区的女子蚕业职业学校

1938 年春之后，女蚕校部分教职员工因为种种原因，仍然滞留在日军占领区，没能前往上海和四川。他们在当时时局极度动荡的情况下，仍然在进行规模很小的蚕事活动。当年，伪江苏省政府成立之后，其下属的建设厅准备将女蚕校改组为伪江苏省立原种制造所，并一度接近成为事实。因此，当时女蚕校滞留职员所开展的秋蚕工作被迫停顿。至 1939 年 4 月，这项改组动议因各种原因最终没能实现，使得滞留在敌占区的教职员工能够继续进行生产工作。在经过一年多的清理整顿之后，占领区的女蚕校从战火的废墟中取得了一定的恢复，也为即将开始的进一步工作打下了必备的基础。1940 年春，伪江苏省教育厅通过建设厅委托给学校代制春秋用原蚕种。学校通过这项生产合同，加上平时生产的春秋用普通种和原种的售卖资金，使得学校具备了一定的经费基础。据当时在校的张绍武回忆："本校自事变以来，迄至二十九年十月复校时止，前后几达三年之久，均由员工自力合作维持，且不仅消极自足的维持，更进而实行积极的生产。三年来，除经常开支、修缮、购置不计外，其在二十九年十月初，正式复校时，移交新任之现金、有价生产品等合计约 35 000 元以上。"①

① 张绍武：《女子蚕业职业学校复学经过与本年计划》，《江苏教育》1940 年 12 月第五期，第 33 页。

1940年7月,伪江苏省教育厅拨给学校复校的经费到位。于是,在1940年10月1日,当时敌占区女蚕校以江苏省立女子蚕业职业学校的名称正式复校,并于7日开始招生,12日办理学生入学注册,15日正式开学上课。当时,因为学校仍然处在十分困难的局面,所以,学校仅招收初中养蚕科一年级生84名,分两级教授。全校教职员工共有17人,伪江苏省教育厅拨给临时费8 000元,经常费每月有1 650元。由于当时定位学校为特殊职业学校,所以"除省经常费月额1 650元外,在本校场务部生产收益项下,连同生产每月应支额在内,每月须另贴支平均约3 000元左右,故本校生产部分,实为本校教育经费之命脉,而本校员生所负之教育生产责任,亦甚重大也"①。

学校将自力更生的生产活动当作维持学校生存的命脉,在正式复校之后很快制订了具体的生产和教学计划。包括:(1) 充实设备:从当年生产收益项下,特别拨款500元,建造办公室和教室。此项计划于民国三十年(1941年)四月完成,共建成办公室和教室共平房10间。(2) 生产计划:"本年度决在师生动员,可能范围内,实行次列之生产计划:甲,桑场方面,创设苗圃10亩、老朽桑改植补植万株。乙,蚕场方面:原蚕种5 000张、普通种10 000张。"②(3) 续办高中:鉴于学校只有初中养蚕科一级的情况,学校准备在师资力量得以充实之后,在当年的暑假招收高中养蚕科一级,以完善学校的教学编制。(4) 组织实习:作为一所职业学校,组织学生实习是将教育与生产相结合的最佳形式,学校决定在春秋两季各组织学生实习一次。1941年4月,学校组织了第一次春蚕实习活动,由技术主任葛真如率领,"循序渐进,颇为顺利。原种部分于本月八日起陆续催青;二十日起,收蚁品种方面有洽桂、诸桂、华五、华七七等四种,共计1 000蛾。普通种于十二日起陆续催青,二十四日起收蚁诸桂、华五二种,蚁量共450公分"③。经过教师的精心指导,学生的认真学习,第一次实习工作取得了成功。

虽然在敌占区的教职员工和学生在如此艰苦的环境下依然努力工作和学习,但面临敌人的压迫,要想真正实现蚕业工作的全面复兴是根本不可能的事情。敌占区的教职员工热切地盼望着抗战胜利之日的到来。

第三节　抗战期间女蚕校的推广工作

1. 女蚕校在苏南地区的善后工作

1937年抗日战争全面爆发之后,女蚕校管理的各地丝厂仍然继续开工,以便将库存的蚕茧缫制成丝,保证蚕农的收获可以最大限度地变成收益。"九月上旬,敌机袭扰平望,两枚炸弹落在制丝所内,炸毁了烘茧机房和煮茧车间,幸未造成人员伤亡。"④到了11月,日军逼近震泽,所有丝厂被迫停工,女蚕校的管理人员在将所产生丝及时运到无锡换成现金之后,立即发清了工人工资,并组织工人集体退入天目山暂避。日军侵入震泽之后,震泽制丝所、生丝合作社、共干仓库以及平望制丝所尽数被焚毁。

① 张绍武:《女子蚕业职业学校复学经过与本年计划》,《江苏教育》1940年12月第5期,第33页。
② 张绍武:《女子蚕业职业学校复学经过与本年计划》,《江苏教育》1940年12月第5期,第34页。
③ 《江苏省立女子蚕业职业学校新办公室落成并开始春蚕实习》,《江苏教育》1941年4月第3期,第113页。
④ 余广彤:《蚕魂——费达生传》,苏州大学出版社2002年版,第99页。

1938 年春,郑辟疆校长冒险回到浒墅关学校与学校主要人员商定了在严峻的形势下,女蚕校今后工作的三个主要方面:"(1)为便利于处理一切应办事宜,立即在沪设办事处;(2)为保护青年技术人员,应即设法打通后方服务的路线;(3)为照顾蚕农的生活和生产,对指导下之合作社未了事项,不论如何困难,必须予以结束;代为预定之蚕种,要负责领到发清,劫余之共干茧,宜协助其出售,聊以减少损失。"①为了完成第三点所定之任务,女蚕校的教职员工冒着生命危险,全力以赴开展工作,保证了蚕农没有因为战争而遭受更大的损失。首先,女蚕校震泽蚕业指导所曾于 1937 年代蚕农预订蚕种 400 余张。为了保证蚕农生产生活不因战争而中断,女蚕校设法将各地蚕种场预订的蚕种全部领齐,秘密运到震泽,按照合同如数发给蚕农。其中,女蚕校吴县善人桥蚕业指导所原本与蚕农预订蚕种 700 张,但因为战火,订种的名册遗失,在分发时只能依靠蚕农各自报给所订蚕种数量,最后结果与预订总数分毫不差,可见蚕农对女蚕校所给予的支持和信赖。而在吴县旺米山养蚕合作社,1937 年秋茧共同干茧后,所制蚕茧一半抵押于浒关农业仓库,另一半则存放在学校中等待出售。1937 年冬,为了躲避日寇,曾暂存吴县光福等处。到了 1938 年春,女蚕校想尽办法,绕道长江,将这批干茧秘密运到上海出售,然后再将所得款项秘密运回浒墅关,最终得以按照清册全部发还给蚕农。甚至对在战乱中被抢而损失的一部分干茧,也由女蚕校出资购回,如数补偿给蚕农。

进行完如此辛苦的工作之后,郑辟疆带领广大女蚕校员工分批撤离了浒墅关女蚕校,一部分人先行入川,另一部分人进入上海租界。在太平洋战争爆发后,郑辟疆也辗转抵达了四川。

2. 女蚕校在四川乐山地区的蚕业改进活动

1939 年春,女蚕校在四川省丝业公司的帮助下,在乐山地区重新复校。与此同时,女蚕校在新的地区继续开始推进蚕丝业的改进事业。凭借着在苏南地区蚕丝改进事业的丰富经验,女蚕校在四川的蚕丝改进事业很快就运转起来。

四川乐山蚕丝试验区大门

四川地区气候温和,土质肥沃,是栽桑养蚕的天然宝地,自古以来就与苏浙和珠江三角洲地区并称为三大产丝区域。四川蚕业在"民国十五、六年间,极为发达。(民国)二十年后,受世界经济不景气之影响,颓败衰退,状极凄惨"②。而女蚕校所在的乐山蚕丝实验区设于川南乐山县,由新生活运动妇女

① 郑辟疆:《浒墅关蚕校对蚕丝事业改进的经过》,《苏州文史资料》第 1～5 合辑,第 291 页。

② 尹良莹:《四川蚕业改进史》,商务印书馆 1947 年版,第 1 页。

指导委员会与四川省政府商洽决定，以乐山、青神、眉山、犍为、井研、峨眉、夹江七县为指导区。四川省的蚕丝业在四川丝业公司统一掌握以后，由于地方势力的矛盾，对川南只能放弃，不能纳入蚕丝改进的范围。因此，在川南地区养蚕还是依靠土种，而当地丝厂大都已经关闭，个别企业也只是一年之中开工几天而已。此时，女蚕校于川南乐山地区复校，正好可以将乐山地区优越的自然条件和女蚕校先进的蚕丝技术相结合，加之女蚕校师生均具备丰富的蚕丝改进推广事业的经验，因此乐山蚕丝实验区的设立，极大地有助于川南地区蚕丝业。

四川蚕丝试验区办公室与教室

四川蚕丝试验区教室与茧库

女蚕校根据在苏南地区进行蚕丝改进推广事业所积累的经验，为乐山蚕丝实验区制订了详细的蚕丝改进计划。其主要包括以下几个步骤：

首先，利用川南地区丰富的桑树资源，女蚕校在乐山等七县设蚕业指导所，并在乐山、青神、夹江三县设大小桑苗圃7所，栽培优良桑树，计划五年内产苗660余万株，以保证改良蚕种所需要的桑叶供应量。在蚕业指导的过程中，女蚕校了解到川南地区养蚕一直存在两大障碍，一个是白僵病，另一个是缉私队。所谓白僵病，是指在幼蚕成长到快吐丝的时候，由于川南地区气候潮湿，蚕会突然发病，蚕体僵化，并且迅速传染。蚕业指导所从消毒上入手，根据不同蚕室的密闭情况，利用福尔马林或硫磺进行消毒，并且严格隔离染病的蚕体，从而基本上消灭了白僵病。而所谓缉私队，是指40年代四川地区实行蚕丝统制，改良的蚕茧不准私自贩卖和缫丝，必须由地方政府派出的缉私队统一征收，而缉私队便利用此种机会敲诈蚕农，致使蚕农怨声载道，有时甚至激化为武装反抗，造成蚕丝的大量损失。费达生将此种情况多次反映到妇女指导委员会，并巧妙地利用国民党各派系之间的矛盾，最终在四川废除了阻碍蚕丝业发展的蚕丝统制政策。

蚕种改良得以顺利开展后，女蚕校便在乐山设立嘉阳和苏稽两个蚕种制造场，其中嘉阳种场由女蚕校全面负责办理。乐山蚕丝实验区在得到女蚕校技术上的全力支持后，改良蚕种的生产工作进展迅速。女蚕校根据苏南地区推广秋蚕缩短蚕丝生产周期的办法，决定也在乐山地区实行秋蚕培育计划，但限于有限的资金，仅能在苏稽蚕种场修建一所冷藏库，不能满足整个川南地区的秋蚕使用需要。于是，费达生经当地蚕农指点，对峨眉山进行了实地考察，决定利用峨眉山上的终年积雪，修建一所天然冰库。冰库选择在半山腰上的初殿旁边，浸酸池修在清音阁附近，从而使川南地区实现了蚕种冷藏，为秋蚕培育打下了基础。蚕种产量提高后,女蚕校便在乐山实验区推行集体售茧,帮助蚕农减少流通环节,节约交易成本,尽量实现蚕农和丝厂的直接联系。

四川蚕丝试验区天然冰库

四川蚕丝试验区清音阁种房

四川蚕丝试验区新华丝厂复摇车间

1942年,在蚕种生产得到保障之后,女蚕校便开始着手帮助乐山地区的丝厂进行生产工艺的改良和提高。乐山地区原本有两家丝厂,分别是华新和凤翔丝厂。其中,华新丝厂早已停产,厂房和设备都已经抵押给了四川丝业公司;凤翔丝厂也仅是在勉强支撑,每年开工不长的时间。女蚕校经过和四川蚕业公司和贸易委员会的协商,准备首先从华新丝厂开始进行改造,在丝厂安装由学校研制的复摇式丝车,实行生丝检验,制造出优质、定级的高级生丝。同时,在丝厂的管理上实行纤度赏罚制度,加强对工作流程的监管。在改革过程中,虽然有些工人不理解,但经过女蚕校技术人员的耐心解释和制度调整,新的管理措施还是得以顺利执行,华新丝厂的产品质量和生产效率得到极大提高。凤翔丝厂厂主看到改造后的新局面,也主动来到实验区,邀请郑辟疆和费达生派人前往帮助制订改造计划。

至此,四川南部地区,特别是乐山蚕丝实验区内的栽桑、养蚕、制丝以至蚕茧收购形成了完善的体系,各环节可以在新的技术层面上配合进行,整个川南地区的蚕丝生产面貌焕然一新。虽然后来华新丝厂仍由厂主收回自办,实验区希望女蚕校帮助创建一所新丝厂以补充制丝加工之不足,因为抗战胜利,女蚕校迁回原址而搁浅,但既然迎来了新的时代,那么新的生产技术必将还能继续发挥其先进作用,并且更上一层楼。

第四节　战后女蚕校的复校工作

1945年8月15日，日本天皇下诏宣布投降，中国人民终于取得了八年抗战的胜利。身在四川的女蚕校师生无法抑制内心的喜悦。他们既为中国的胜利感到高兴，更为将要踏上回家的路而欣喜。12月中旬，郑辟疆就先行返回浒墅关女蚕校原址，而在四川本校的学生则分为两个部分，“女蚕学生于1946年并入四川南充农校，蚕专学生迁返浒关。从此，两校预算独立，而设备仍如前合用”①，郑辟疆仍然兼任两校校长。此时的女蚕校已经残破不堪，“原实习工厂只剩下一堵残垣断壁，地下一堆堆破砖碎瓦，机器锅炉早已被盗卖一空，学校的两幢楼房也烧毁了，只有几座平房保存得还算完整”②。女蚕校推广部在震泽、平望和玉祁等地设立的制丝所以及开弦弓丝厂也难逃被完全破坏的命运。就是在这样的状况下，郑辟疆校长带领陆续返回的广大师生开始了学校的重建工作。

女蚕实习丝厂被炸毁之远景

女蚕实习丝厂被炸毁之近景

女蚕被炸毁之茧库

1946年初，郑辟疆校长与教职员商议，将复校的工作分为两部分进行：一部分为重建校舍，恢复办学设施；另一部分为解决川校学校毕业和甄别敌伪学生的工作。其中，第一步是重中之重。一般校舍准备在年内恢复，蚕桑实习场合桑园部分则推迟到1947年恢复，制丝实习厂要最先恢复。女蚕校复校工作最大的问题是经费资金，可江苏省政府

① 郑辟疆：《浒墅关蚕校对蚕丝事业改进的经过》，《苏州文史资料》第1～5合辑，第266页。

② 余广彤：《蚕魂——费达生传》，苏州大学出版社2002年版，第130～131页。

根本无力、也无心在战后向女蚕校提供重建的费用，所以，必须依靠学校自身的力量完成重建工作。学校计划恢复制丝实习厂的经费分别向银行和中国蚕丝公司贷款，各占50%。银行贷款顺利拨付，而中蚕公司则拒绝了女蚕校的贷款计划。不得已，女蚕校再次向妇女指导委员会生产事业组寻求帮助。生产事业组同意利用与女蚕校合作经营代缫业务的形式给女蚕校提供资金，并与女蚕校签订了详细的合约（此合约在解放后被女蚕校废止），从而使女蚕校获得了购买机器的费用。1946 年 11 月，实习制丝厂开工生产，设立缫车 104 台，并且增加了用水设备，提高了丝厂的生产能力。为了能够更多地吸引代缫丝业务，学校决定将丝厂的名称改为实验代缫丝厂，以求实习工作与经济效益并重，为学校复课提供尽可能多的经费支持。

女蚕新建成的车间

女蚕新建成的茧库

实习丝厂开工之后，另一个问题又迎面而来，就是学校教师仍有部分留在四川，丝厂开办之后对技术人员的需求量随即扩大。另外，经过长时间各处迁移的女蚕校，大量图书已经散失，学校复课所需要的参考书等教学用具也不敷使用。为了解决这两个困难，学校一方面从大有蚕种场商调部分技师前来女蚕校兼职任教，同时组织学校教师大量翻译国外蚕丝著作，用作教学参考书和教材，暂时缓解了这两方面的问题。

1946 年，费达生在处理完四川丝业公司的工作后回到女蚕校。当时，女蚕校在四川的 18 名教师也已经顺利返校。有了基本的师资人员，女蚕校便决定于 1946 年秋季重新正式招生。1946 年 10 月 19 日，刚刚复校的女蚕校收到江苏省教育厅第 6910 号令："江苏省立女子蚕业学校校名与部颁修正职业学校规程所定之名称不合。兹依据该校所设科目并遵照部颁前项规程第九条之规定，拟改称为江苏省立女子蚕丝科职业学校。"①由此，女蚕校在复

① 江苏省档案馆藏：《江苏省立女子蚕丝科职业学校更名由》，案卷号 1054－3－2。

校之后，便以江苏省立女子蚕丝科职业学校的名称对外招生。

女蚕复校后学生的实习活动 1

女蚕复校后实习活动 2

女蚕复校后的校庆纪念活动

经过郑辟疆和女蚕校师生的努力，学校终于在原址恢复招生了，而且学校的师资力量在此后也有所加强。① 但是，国民党政权执意实施独裁统治，在1946年6月开始向解放区发动全面进攻，将中国人民拉入了战争的泥潭，处在此种大环境下的女蚕校再也无法实现其所应担负的教育和蚕丝改进责任，在1948年夏天最后毕业了女蚕校高级蚕丝科27人和蚕专校高级养蚕科17人后，便结束了在旧中国的使命，等待她的将是一个全新的中国的诞生。

回顾1949年解放前女蚕校的教学和推广工作，让人们看到了职业教育在近代中国所能发挥的作用，特别是郑辟疆在女蚕校实行的将蚕丝理论教育与蚕丝改进事业相结合，两者相互推动的高效模式，为中国职业教育的新建设提供了值得借鉴的经验。而其中女蚕校师生们所作出的贡献，是应该被人们始终铭记的。郑辟疆对此曾有一段饱含深情的评价：

“我们在蚕丝业战线上看女蚕学生的工作，觉得她们都能学以致用，发挥专长，对蚕丝业之改进，取得了很大的成绩。她们不但有熟练的技术，且能认真办事；在农村中，不辞辛劳，指导养蚕和蚕茧共干共售；还创办和主持了不少的大型种场，生产巨万无毒的优质蚕种；对改进制丝技术，则在乡村中用九十余个改良足踏缫丝车使蚕户使用，分组携检尺器、纤度秤巡回检查，恳切指导，将成丝共同打包，在一个乡村中制成改良丝十七担，品质仅略次于机制。由于成绩显著，促成了农村自营制丝工厂；在制丝工厂中她们能以理论和实际结合的技术以教育女工，. 使养蚕制丝事业进入一个新阶段。在抗战时期，她们入川服务，依然艰苦奋斗，亦获得了预期的果实。以上种种乃蚕业改进中一支不可忽视的力量。②

① 参见附录7《1948年10月江苏省立女子蚕丝科职业学校教职员一览表》。
② 郑辟疆：《浒墅关蚕校对蚕丝事业改进的经过》，《苏州文史资料》第1～5合辑，第295页。

第五章　蚕校的变革与动荡(1949～1977)

第一节　建国初期的蚕校

1949 年 4 月,中国人民解放军胜利渡江的消息传来,学校教职工和学生欢欣鼓舞。当时,适值养蚕季节,学校随即宣布停止请假,加强养蚕实习,增产优质蚕种。国民党军队溃退后,学校一方面赶办各种清册,准备移交;另一方面将校方与新生活运动委员会妇女指导委员会所订经营代缫契约予以废止。4 月 27 日,苏州宣布解放,当人民解放军从浒墅关车站进入市镇时,两校师生自发地拥向车站迎接新时代的到来。

1949 年 10 月 1 日,中华人民共和国正式成立,古老的中国进入了全新的时代。中央政府从建立之初,便对教育工作十分重视。10 月 19 日,任命郭沫若为政务院文化教育委员会主任,马叙伦为教育部部长。12 月 23～31 日,新中国的第一次全国教育会议在北京召开。此次会议为建国初期的教育工作确定了一系列指导方针,主要内容为:(1) 坚持教育为工农服务,为生产建设服务的方针;(2) 新中国的教育建设要以老解放区新教育经验为基础,吸收旧教育某些有用的经验,特别要借助苏联教育建设的先进经验;(3) 教育工作的发展方针是普及与提高的正确结合;(4) 老区教育以巩固和提高为主,并为新的大发展准备条件;(5) 新解放区教育工作的关键是争取、团结、改造知识分子。① 根据新的教育方针,女蚕校开始接受社会主义的"接收、调整、改造"工作。

女蚕师生迎接人民解放军

1. "接收、调整、改造"工作

1949 年 4 月 26 日,伴随解放军的进军步伐,苏南地区建立了苏南行政公署。之后,

① 参见钱俊瑞:《在第一次全国教育工作会议上的总结报告要点》,《建国以来重要文献选编》,中央文献出版社 1992 年版。

苏南行政公署对学校进行了调查,认为"郑辟疆是一位爱国的、正直的科技工作者",于是决定继续任命郑辟疆担任女蚕校和蚕专校两校的校长,并聘任郑辟疆为吴县和苏南地区第一届各界人民代表大会代表。此后,在1954年,郑辟疆更当选为第一届江苏省和全国人民代表大会代表。1950年3月6日,苏南行政公署通知:[1]"决定省立女子蚕丝科职业学校与省立蚕丝专科学校合并,改称公立蚕丝专科学校,委任郑辟疆为校长。"[2]1951年2月,蚕校又"遵照各级学校印信条例及华东教育部之补充规定"[3]更名为苏南蚕丝专科学校,由苏南行政公署文教处管理。内分大专、中专两部分,各设养蚕、制丝两科。中专部开始男、女兼收。当时,大专制丝科为两年制,余均为三年制。毕业生全国分配。

苏南蚕丝专科学校养蚕技术科毕业生

1949年5月27日,苏南行政公署农林处蚕业管理局成立,原女蚕校所负担的蚕业推广工作,由其对苏南地区的蚕丝生产进行统一管理,学校推广部随即于秋季撤销。苏南蚕业管理局成立之初,急需大批蚕桑技术干部参与新的管理与建设,于是,学校为了配合蚕业管理工作,除将49届毕业生全部分配工作外,又将学校50届毕业班(包括大专、中专两部分)提前半年结束学业,然后集中到苏南公学进行政治学习,由苏南蚕业管理局安排到各地实习,实习结束后分配到各地实施蚕业管理工作。

1950年6月1日,第一次全国高等教育会议召开。此次会议的主要任务是讨论并确定改造高等教育的方针和新中国高等教育的建设方向。会上,教育部部长马叙伦首次明确提出,要在统一的方针下,按照必要和可能,初步调整全国公私立高等学校或其某些院系,以便更好地配合国家建设的需要。而当时中国的教育体系依然存在着旧中国的某些

① 苏州蚕桑专科学校编:《近代中国蚕丝业的先驱——郑辟疆》,1993年2月,第68页。

② 苏州大学档案馆藏:《为省立蚕职、蚕专合并改称公立蚕丝专科学校委任郑辟疆为校长由》,苏州蚕桑专科学校档案,永久2号。

③ 苏州大学档案馆藏:《更改校名及启用新印的函》,苏州蚕桑专科学校档案,永久3号。

弊端,其中,各学校专业设置重复和师资、设备不集中的问题,已经严重影响到了培养新中国建设人才的任务。因此,自1950年下半年开始,对一些学校和专业的调整工作便已经展开。其中,与蚕校密切相关的为:1951年下半年,杭州工业学校、南通工业学校的制丝科并入蚕校的中专部制丝科;1952年1月,苏南苏州高级农业技术学校、苏南宜兴高级农业技术学校的养蚕科并入蚕校中专部;1952年,淮阴农校、丹阳正则女子蚕业职校、木渎农蚕校的养蚕科并入镇江女子职业学校,并入后,改名镇江蚕业学校;1953年8月,按照《江苏省1953年农业性质中等技术学校调整整顿实施方案》,"镇江蚕业学校改称江苏省镇江农业学校,所有中级班及五年一贯制三年级,并入浒墅关蚕丝专科学校技术科"①。

1952年,教育部按照中共中央以培养工业建设人才和师资为重点,发展专门学校,整顿和加强综合性大学的方针,拟定发布了《关于全国高等学校1952年的调整设置方案》,仿照苏联高校模式,以华北、华东和东北三区为重点,实施全国高校院系调整。这次调整的特点是:除保留少数文理科综合性大学外,按行业归口建立单科性高校;大力发展独立建制的工科院校。1953年8月10日,根据高等院校调整方案,华东地区高等教育管理局决定,将蚕校的养蚕专科并入浙江农学院。9月11日,华东高等教育管理局发函,同意"关于你校(蚕校)要求将制丝科调往浙江农学院事"②。随后,学校制丝专业调整并入浙江农学院蚕桑系。随学生并入浙江农学院的教师有俞懋襄等7人,部分大专教师仍留在蚕校中专任教。还有部分教师根据本人意见,由上级调配至其他院校与科研单位。11月31日,在蚕校专科部分调整结束后,学校更名为江苏省浒墅关蚕丝学校(简称江苏蚕校)。省教育厅厅长吴贻芳来校宣布省人民政府通知,并召开部分教师座谈会。自此,蚕校降格为中等专科学校,设蚕桑、制丝两科。省农林厅转发省人民政府任命书:委派郑辟疆为江苏省浒墅关蚕丝学校校长,管守孟、孙奇真为副校长。学校归江苏省农林厅与江苏省纺织工业厅共同领导。

解放初期学校的改造工作,不但在院系和专业方面进行了调整,而且对学校的行政与教学也进行了改革:在学校的行政机构中取消了训导处,建立了教导处;在课程设置上,取消了公民课,开设了政治课。在大专班级,逐步开设新民主主义革命史、社会发展史、政治经济学三门政治理论课程;中专班级统称政治课,以时事、政策教育为主。

同时,学校为了贯彻"教育为工农服务,学校向工农开门"的指导思想,在经过试点的基础上,于1952年从苏州第一丝厂、江南丝厂及学校实习丝厂选送有初中毕业文化水平或具有同等学历的青年工人来校学习,学制三年,毕业后授予中专学历。青工班刚开学时,由于文化程度不齐,先补习半年文化课,故实际学习三年半,所有学员按调干生待遇。青工班学生入学后,学习刻苦认真,取得较好成绩,毕业回厂后,不少人担负起了各厂技术部门的领导工作。

另外,为了贯彻中共中央关于对知识分子进行思想改造的方针,苏南行政公署在1949、1950和1951三年的暑期,分别在无锡、苏州两地举行第一、二、三届教师暑期研究会,主要内容是对广大教师进行形势与任务、文教方针政策、知识分子政策、土地改革以

① 苏州大学档案馆藏:《江苏省农中技校调整实施方案》,苏州蚕桑专科学校档案,永久6号。

② 苏州大学档案馆藏:《为同意你校制丝科调往浙江农学院由》,苏州蚕桑专科学校档案,永久6号。

及镇压反革命形势的教育。学校的大部分教师参加了这三次学习，并由此提高了政治觉悟。自此，蚕校逐步建立起了经常性的时事政治学习制度，定期组织教职工进行时事政策学习。

1950年3月12日，在蚕校又一年的校庆期间，发生了一件对蚕校具有别样意义的大事件，那就是在蚕丝教育和改进领域并肩奋斗了20余年的郑辟疆与费达生宣布结为夫妻。“这两位原来都抱独身主义，他们有同一志趣，毕生献身蚕丝事业，恋爱已有20余年，到现在一了他们的私愿，使有情人终成眷属，一时传为蚕丝界佳话。”①

郑辟疆和费达生先生喜结连理

1952年11月，学校教师汪家麟自愿将浒墅关虎曜蚕种场的资财赠给学校。苏南行政公署教育处、农林处批复，同意接受并对汪先生热心人民教育事业表示嘉许。1954年，汪家麟先生又将虎曜蚕种场的蚕种余款三千万元(当时币值)捐赠给学校，经省农林厅研究同意接受，以充作学校实验蚕桑场添置设备及翻译蚕桑科技资料的费用。

2. 学习苏联模式的教学改革

50年代初期及中期，学校经历了归并与调整后，教学工作逐渐走上正轨，并且通过学习苏联教学工作的经验，进行了一系列教学改革，使教学工作逐步转入规范化。首先，学校按照培养初级蚕学家的要求，制订了蚕桑专业教学计划。计划中规定，开设普通课7门，基础技术课4门，专业课7门，六学期的平均周学时为36教时。教学实习与生产实习安排4次，第一次教学实习(秋)5周，以后是原蚕生产实习10周，秋蚕交杂种生产实习9周，春蚕农村生产实习10周，合计34周。制丝专业的教学计划也相应地进行了修改。同时，学校受农业部委托，结合蚕桑专业的7门专业课程，于1954和1955两年暑期在南京、杭州编写了蚕桑专业的教学大纲与教材。蚕校专业教师承担主编《蚕的生物学》、《蚕的病虫害防治学》、《鲜茧收购与处理》、《柞蚕学》等4门课程的教材；另外还参与编写了《养蚕学》、《桑树栽培附病虫害防治学》和《家蚕良种繁育学》等教材的部分章节。学校的教育工作有了规范，在培养专门人才方面有了一定的标准，教学质量也就有了相应的提高。

1954年，由于本省丝绸工业的发展，需要织绸方面的专门人才。经省纺织工业厅批准，蚕校增设丝织科，学制为三年，并招收第一班学生20名。

同年秋，教育部分配朝鲜民主主义人民共和国留学生7人来我校蚕桑专业学习。朝鲜学生来校前，先在北京大学汉语班学习一年，达到初懂汉语程度。入校后，学校采取混合编班，由我国学生开展课外学习互助，学校安排专人负责留学生工作。留学生在学习结束时，均获得了较好的成绩。

① 余广彤：《蚕魂——费达生传》，苏州大学出版社2002年版，第153页。

1956年11月,受农业部委托,蚕校举办第一期全国桑蚕蓖麻蚕干部训练班,学员300人,来自广东、广西、辽宁、山东等省区。培训班自1956年11月起至1957年6月下旬结束。

1957年上半年,郑辟疆致函省农林厅蚕管局,将1956年公私合营的壬戌馆蚕种场郑氏名下的权益自愿交与国家。该场所有房屋资产(大部分桑田由吴县浒墅关蚕种场接收)充实学校实验蚕桑场,原该场技术人员与桑工等8人由学校安排工作。郑辟疆的壬戌馆肇始于早年商务印书馆出版了郑先生编写的几本教材,给了一笔稿费。他用这笔钱在学校北面买了4亩地,盖了4间房,周围栽了桑树,作为私人寓所,取名"潜庐"。1922年(壬戌年)因学校试养的新蚕种失败,他自己买了10张,在私寓中腾出两间房子,雇请工人帮助饲养,试验取得成功。后来养蚕改革,新蚕种需要量增大,便开始制种出售。该寓所遂取名为"壬戌馆"①。

壬戌馆蚕室

3. 蚕桑与制丝专业分离,各自独立办学

自1953年11月,学校改称江苏省浒墅关蚕丝学校后,一直由江苏省农林厅与江苏省纺织工业厅共同领导。其中,蚕桑专业由江苏省农林厅领导,制丝和丝织专业由江苏省纺织工业厅领导,而有关基建、仪器设备及经费来源,过去一直由农林厅拨给。后因制丝、丝织两专业招生人数日益增多,需要大量添置设备和增聘教师。1956年7月,经两厅研究后报请教育部批准,决定学校的制丝、丝织两专业从江苏省浒墅关蚕丝学校分出,另在浒墅关上塘绞纱浜南征地,进行基建,新建江苏省丝绸工业学校,原学校改称江苏省浒墅关蚕桑学校,仍留原校址办学。两校划分原则为:专业师资、仪器设备、实验室、专业图书等项分属原专业,行政、教务、总务及基础课师资一分为二,各自进入新的学校。从1956年下半年起开始分校,分校工作到1957年上半年基本完成。在领导体制上,江苏省

① 参见余广彤:《蚕魂——费达生传》,苏州大学出版社2002年版,第107~108页。

浒墅关蚕桑学校归省农林厅领导,江苏省丝绸工业学校归省纺织工业厅领导,两校均系中专性质,学制各为三年。郑辟疆仍兼任两校校长。自此,从1930年女蚕校开设制丝科,到1935年兼办江苏省立制丝专科学校,经过了抗战中的分校迁移之后,蚕桑和制丝两专业正式分离,各自独立办学。

江苏省浒墅关蚕桑学校毕业生合影

第二节　社会主义建设初期的蚕校

1956年后,随着社会主义改造的完成,社会主义的教育体系已经基本建立起来了。而要进一步完善这一教育制度,就需要从我国的实际情况出发,结合教育规律的特点,制订出符合社会发展要求的新计划。然而,由于在社会主义建设初期,不管在经济建设领域还是在教育改革领域,新生的中国都缺乏经验,以至于前进的方向总是左右摇摆,对教育体系的完善产生了严重的影响。伴随着1957年的反右派斗争、1958年的“大跃进”和人民公社化运动,蚕校所身处的教育领域受到了前所未有的冲击。虽然在60年代初期党中央进行了调整和整顿,蚕校的工作得到了一定的恢复,但人们在探索的道路上仍然没有寻找到正确的方向。

1. 反右派斗争中的蚕校

1957年2月,毛泽东在扩大的最高国务会议上发表了《关于正确处理人民内部矛盾的问题》。4月27日,中共中央正式发出《关于整风运动的指示》,动员全国人民开展一次普遍的、深入的旨在反对官僚主义、宗派主义和主观主义的整风运动。蚕校的广大教职员工也都积极地参与到此次整风运动中来,提出自己的建议和要求。然而,“在整风过程中,极少数资产阶级右派分子乘机鼓吹所谓的‘大鸣大放’,向党和新生的社会主义制度放肆地发动进攻,妄图取代共产党的领导,对这种进攻进行坚决地反击是完全正确和必要的。但是反右派斗争被严重地扩大化了，把一批知识分子、爱国人士和党内干部错划为‘右派分子’，造成了不幸的后果”①。反右派斗争首先是从教育领域发起的，其扩大化的直接后果是伤害了一大批教育人员。其中，蚕校在反右派斗争扩大化的过程中就有4人被错划为右派分子，蒙受了不白之冤。

2. 恢复大专，改名苏州蚕桑专科学校

1958年3月24日，第四次全国教育行政会议召开，主要交流了各地教育事业大跃进的经验。4月，中共中央召开全国教育工作会议，强调批评教条主义、右倾保守思想和在一定程度上忽视政治、脱离共产党领导的错误。9月，中共中央、国务院发布《关于教育工作的指示》，提出党的教育方针是教育必须为无产阶级服务，教育与生产劳动相结合，为了实现这一方针，教育工作必须由党来领导。在以上所确立的教育工作方针中，既有正确的部分，也有“左”倾错误的方面。“一九五八年开始的教育革命，实际上是以勤工俭学、教育与生产劳动相结合和实行两条腿走路为指导方针，来探索适合中国国情的教育体制改革，这本来是正确的。但由于指导思想上‘左’的错误，在实践中做过了头，就造成了不良后果。”②其中，“左”倾错误主要表现在盲目追求“大跃进”，违背教育规律和实际需要，一味扩大教学规模和增加办学数量，结果造成了教育发展与国民经济比例的严重失调。

1958年8月，正是在此种局面下，苏州地区行政公署决定于当年创办10所高等学校。于是，蚕校呈请利用院系调整后留在学校的原专科师资人员和设备恢复蚕桑专业专科的招生，此项申请很快获得批准。学校在恢复大专的同时，也继续保留中专部分，更改校名为苏州蚕桑专科学校，并立即于秋季招收大专班两个班60人。10月13日，苏州地区行政公署(58)282号通知“任命郑辟疆为苏州蚕桑专科学校校长，李成山、管守孟为副校长”③，学校党政关系隶属中共苏州地委及苏州地区行政公署领导。在恢复大专之前，蚕校的招生规模就已经开始扩大，而大专的恢复更加扩大了学校的招生规模。以50年代末60年代初蚕校的毕业生数量为例：1958年当年，蚕校的毕业生为中专蚕桑专业75人，而1959年则猛增到269人；1961年，恢复后的大专毕业生有62人，1962年就发展到105人；而到1963年，蚕校当年毕业学生304人，其中中专毕业生165人，大专毕业生139人。如此多的学生数量甚至超过了拥有4个专业，且教育持续发展的1989年的毕业生数量。学校规模在此时的扩张速度可见一斑。如此盲目的扩张，不但给学校增加了经费负担，更造成了一定程度上管理的混乱。1959年8月，蚕校十里亭桑场发生采叶临时工搭乘运叶船返家途中，船被撞翻，采叶临时工10人落水溺死的重大事故。为了防止此种事件再次发生，学校于1959年下半年与保安公社协商，将偏远地区桑地、房屋及附属设施分别划给就近大队，由保安公社将与学校桑田毗邻的兴贤大队第五、六、七、九等生产队的部分土地无补偿地互换给学校。自此，学校原有实习桑地400余亩的绝大部分集中在学校附近，学生实习以及平时的桑园管理都比较安全、方便。

---

① 《中国共产党中央委员会关于建国以来党的若干历史问题的决议》，人民出版社1981年7月版，第18页。
② 何东昌：《当代中国教育》，当代中国出版社1996年版，第70页。
③ 苏州大学档案馆藏：《关于公布各专科学校校长名单的通知》，苏州蚕桑专科学校档案，永久20号。

苏州蚕桑专科学校大门

同时,为了落实党管教育的方针,1958 年 12 月,中共苏州地委党字第 322 号通知,任命李成山为学校党委书记兼副校长。1960 年 2 月,中共苏州地委组织部决定成立中共苏州蚕桑专科学校委员会,并颁发新印章。其实,蚕校内党团组织从解放后就已经逐步建立起来了。1949 年 12 月,浒墅关镇新民主主义青年团工委派人来校发展团员,当时大专部分入团 25 人,中专部分入团 32 人,两校分别建立了青年团组织。1953 年 1 月,江苏省人民政府委派李仲祥担任学校副校长,在学校中开始建立中国共产党组织。1956 年,学校实验丝厂党组织划归学校,学校党员人数增加,根据需要,建立了党总支委员会,孙奇真为第一任总支书记。自 1960 年后,蚕校的行政工作由校党委全面领导。

3. 学校教育工作的调整

1958 年的"大跃进"和人民公社运动给我国的国民经济造成了巨大的破坏,加上 1959 年后,中国大部分地区遭受了连续三年的严重自然灾害,人民基本生活已经无法得到保证。面对这种严重局面,1961 年 1 月,中共中央八届九次全会正式确定对国民经济实行"调整、充实、巩固、提高"的八字方针,修正了前一阶段的"左"倾错误,使国民经济得到了一定程度的恢复。而此种休养生息的局面也为教育领域带来了恢复和调整的机会。

1961 年 9 月,中共中央书记处讨论并通过了《教育部直属高等学校暂行工作条例》(简称"高教六十条")。《条例》在总结了新中国教育工作经验,特别是"左"倾错误的教训的基础上,重新提出了高等学校必须以教学为主,努力提高教学质量;要正确执行知识分子政策,为社会主义高等教育服务;贯彻"双百方针",提高科研水平;实行学校党委领导下的以校长为首的校务委员会负责制等科学的高等教育工作原则,从而重振了广大教师的信心,稳定了教学秩序,对提高教学质量起了积极的作用。蚕校的教学工作也在新的工作原则指导下，得到了新的发展。

1961年初，根据刘少奇同志提出的高等学校教材建设分两步走的建议，江苏省农林局组织蚕校师生深入蚕桑生产第一线进行调查研究，将蚕桑学习理论和生产实践相结合，初步编写出了一套供专科使用的蚕桑新教材。

同年秋，镇江蚕业研究所举办的镇江蚕桑专科学校调整并入蚕校，不但在校学生全部并入，而且暑期毕业生也由蚕校统一分配，章步青副研究员及部分教职工调入蚕校担任教学工作。

1962年6月，为了减轻因教育盲目扩张所造成的教育负担，平稳度过国民经济的困难时期，江苏省农林厅决定撤销蚕校的中专部，集中力量办好大专。当时，中专部在校学生为三年级三个班130人，二年级三个班153人，除有部分学生动员参军外，学校根据上级文件精神，做了大量的思想工作，动员学生顾全大局，体谅国家的暂时困难，全部回家，毕业班也未分配工作。专科毕业班学生也作为储备人才，在1963年分配。

1962年8月，农垦部王震部长来校视察并邀请学校的蚕桑专家陆辉俭、章步青两位副教授去新疆维吾尔自治区考察该地区的蚕桑生产。两位教授于次年6月到达新疆，进行了为期两个月的考察，并对发展该地区的蚕桑生产提出了许多建设性的意见。1963年，新疆军区生产建设兵团为了发展边疆的蚕桑事业，需要大批蚕桑科技人才。学校62届、63届大专毕业生大部分分配到新疆生产建设兵团农一师、农二师从事蚕桑生产及科研工作。学校又通知1962年中专毕业生，凡愿去新疆工作的，即来校报到。有一部分中专未毕业生也志愿支援边疆的蚕桑事业，前往新疆地区工作。

1962年，党中央为了争取国家财政经济状况的迅速好转，提出“以农业为基础”、“全党大办农业”、“把一切工作转移到为农业服务的轨道上来”的号召，动员来自农村的职工回乡支援农业。其时，正值中专停办，中专学生全部回家，部分中专教职员也调到苏州市各中学及企、事业单位。职工中属农业户口、家在农村的，按照政策，下放农村支援农业的有20人。由于上述原因，学校于1964年2月经请示省农林厅同意，将部分桑田及附属设施调拨给吴县蚕种场使用，总亩数为155.58亩，学校仅保留毗连校园的桑田137亩。

4. 试行半农半读教育体制

1964年夏，刘少奇同志在对各地教育情况进行考察之后，再次提出了实行两种教育制度和两种劳动制度的主张，并建议各地试办半工半读学校。刘少奇同志的建议是为了弥补中国教育长期以来忽视职业技术教育，教育与生产劳动相脱节的弊端，希望通过半工半读办学方式的推行，既能减轻国家和家庭的负担，又能较好地普及教育，因此，此项建议一经提出，便很快在我国农村地区得到实施。1964年11月，中共中央政治局召开扩大会议，讨论在城市实施半工半读教育问题。会上，刘少奇同志强调：“半工半读试验的重点是中等专业学校和高等学校，只有举办半工半读高等学校，才能逐渐形成体系。”①

1965年4月，经江苏省人民委员会批准，蚕校蚕桑专业成为省属高校半农半读试点单位，由学校负责制订方案。方案确定：“设蚕桑一个专业。学制三年。1965年起将现有一年级转为半农半读，按新方案进行教学；二年级今后一年半时间，尽量按新方案调整；

---

① 转引自何东昌：《当代中国教育》，当代中国出版社1996年版，第83页。

三年级适当加强劳动时间，按照教改精神，充实理论知识和实际技能方面的薄弱环节，不实行半农半读。"[①]试行中，学校根据上级文件精神，教学计划规定，三年内劳动时间为15个月，教学时间为16个月，劳动、教学、假期的比例为5:6:1。在具体安排上，学校注意了两方面的工作：

（1）教育与生产劳动结合。劳动在各年级都结合专业，一年级重点放在育苗与栽桑技术上，二年级着重解决养蚕技术，三年级重点放在培养学生独立思考、独立工作能力上。

（2）建立新的教学体系。在课程设置上，要求精简课程，精简内容，分清主次。对原设置的16门课程，进行停（外语、林果基础知识、专业补充课）、并（微生物学、蚕种学）、调（体育课改变形式和内容），在专业课程中明确以桑树栽培学与家蚕饲养学为主课，两门基础课（无机和分析化学、有机化学）、三门专业基础课（土壤肥料学、家蚕解剖生理学、桑树栽培生理学）要为专业课服务，内容要符合专业课要求，两门蚕桑保护课（蚕病学与桑病虫防治学）也要以养好蚕与栽好桑为落脚点。

通过一年的试点，蚕校在半工半读的推行过程中发现，在高等农业学校试行半农半读固然有优点，教师、学生的劳动观念有所增强，动手能力有所提高，但由于没有全面地正确地理解两种劳动制度和两种教育制度的本质精神，削弱了基础理论学习，使学生的知识面狭窄，将体育课改变了形式，实际上是以劳动代替体育，不能正确贯彻德、智、体全面发展的教育方针。"文化大革命"开始后，即停止试点。

第三节 "文革"时期的蚕校

1."文化大革命"开始，学校陷入混乱

1966年5月，出于对国内形势的错误判断，毛泽东同志发动了"文化大革命"。而最早遭受"文革"冲击的便是文化教育领域。5月16日，中共中央发出通知，提出"彻底揭露反党反社会主义的所谓'学术权威'的资产阶级反动立场"，各地学生相继开始"造反"，大批学校陷入混乱。6月，蚕校中的大字报已铺天盖地，布满全校。蚕校的领导被指为"走资本主义道路的当权派"，专家、教授被指为"反动学术权威"，许多中、老年教师被指为"资产阶级知识分子"。7月，蚕校内的学生开始建立"红卫兵"组织，对学校的领导和教师任意进行批判、斗争，甚至殴打和抄家。8月8日，中共中央通过《关于无产阶级文化大革命的决定》，为这场浩劫提供了错误的理论支持。随后，苏州市委便派出以吴子昆、冯鹤清为首的文化革命工作组进驻学校，并在学校成立了文化革命委员会。9月，蚕校师生开始大串联，同时成立各种战斗队。学校党政领导靠边，组织机构瘫痪，"停课闹革命"使学校完全陷于混乱之中。1967年，学校中的群众组织受当地社会的影响也形成两大派组织，相互之间不时进行械斗。1967年3月7日，中共中央发出了《关于大专院校当前无产阶级文化大革命的规定（草案）》，要求外出串联的师生返校进行军事训练，在大

① 苏州大学档案馆藏：《苏州蚕桑专科学校实行半农半读教育制度的初步方案》，苏州蚕桑专科学校档案，长期59号。

联合的基础上由学生、教师和领导干部民主选举文化革命委员会，并在校内继续批判走资派和反动学术权威。至1968年3月，蚕校建立了大联合委员会，并在此基础上产生蚕校文化革命委员会。经陆军27军党委批复，由军代表尚国斌任"革委会"主任，徐静夫为副主任。蚕校文化革命委员会成立后，紧接着开展清理阶级队伍的运动，学校大部分教职工在运动中受怀疑，被审查，遭批判。而当时已经接近90岁高龄的郑辟疆，也被迫中断其晚年进行的整理和校释蚕桑古籍的工作，被"勒令到学校去参加批斗会；门前贴满了'反动堡垒'、'改良主义祖师爷'、'打倒反动学术权威'等大标语和大字报，一些自诩'左派'的人对他呵斥训诫"①。在如此折磨之下，1969年11月27日，这位将自己的一生都献给了蚕丝事业和蚕校建设的老人，带着疑惑和悲愤离开了人世。

军宣队进驻学校

1969年郑辟疆先生逝世

1970年5月，苏州市第二丝厂（即江南丝厂）由职工组成的毛泽东思想工人宣传队进

① 余广彤：《蚕魂——费达生传》，苏州大学出版社2002年版，第178页。

驻学校,“文化革命”进入斗、批、改阶段。在所谓“斗、批、改”阶段,根据高等学校应该采取“招进来”、“走出去”办学形式的要求,蚕校开展了一定程度上的教育工作。其中“招进来”是指招收有实践经验的工人、农民到学校学习,即办“试点班”;“走出去”是指把部分教师组成“教育革命”小分队分赴各地农村,在政治思想上接受贫下中农的再教育,在业务上则举办专业短训班,并在农村中进行调查研究。

工宣队进驻学校

教师赴淮阴工作组

举办"试点班"的工作,在1969年上半年开始。招收学员的条件是苏州地区具有高小文化程度,年龄在18岁以上,具有蚕桑生产实践经验的农民和基层干部,学制暂定一年。学习内容包括政治、军体、劳动、养蚕、栽桑等课程。学员于1969年9月入学,1970年6月结业,结业后都回原地工作。试点班学员入学时,由于文化程度相差悬殊,在实践经验方面差距也大,加以学制又短,根本无法达到原定培养目标的要求。

与此同时,从1969年5月开始,学校先后派出5个"教育革命"小分队分赴吴县、淮阴、东台等地农村,接受贫下中农再教育,举办专业短训班,并进行调查研究。至1972年1月,"教育革命"小分队才全部撤回。而学校内没有教学任务和没有参加"教育革命"小分队的教职工则组成"五七"小分队,在学校实习场参加劳动。

教育革命试点班结业留影

2. 实行"教育革命",招收工农兵学员

1971年6月,全国教育工作会议召开,通过了《全国教育工作会议纪要》。《纪要》全面否定了建国以来的教育工作,并决定要进行一场与之完全相反的"教育革命"。《纪要》规定:大学学制暂定两年或三年,后延长为三年八个月,进修班为一年左右;大专院校的招生对象为具有两年以上实践经验的优秀工农兵,年龄在20岁左右,身体健康,未婚,具有初中毕业以上的实际文化程度;学员毕业后一般返回原单位、原地工作。

1971年7月,苏州市革委会派军代表王文选担任中共苏州蚕专核心小组第一组长兼"革委会"主任。1972年,根据《全国教育工作会议纪要》的精神,蚕校制订了"教育革命"方案,面向全省招收工农兵学员三个班,首批学员108人于4月入学。然而,鉴于这些学员文化基础较差，学校不得不先用半年时间进行补课（实际补课时间为三个月），到1975年8月第一批学生毕业。1973～1974年，学校继续招收工农兵学员，经数次修订教学计划，学生分别于1976年8月和1977年8月毕业，全部毕业生均回本地区分配工作。

苏州蚕专首届工农兵学员毕业照片

苏州蚕桑专科学校第二届工农兵学员毕业留影

1972年4月,原党委书记李成山担任校"革委会"主任、中共苏州蚕专核心小组副组长。12月,江南丝厂工宣队撤回原厂。在工宣队进驻学校期间,占去学校土地14亩多,进行扩大厂区、建造化纤车间及锅炉房等活动,造成学校周围环境的严重污染。1973年初,上级又派江苏省第四地质队组成的工宣队进驻学校。其后,学校的文化大革命转入"批林批孔"运动阶段。

开门办学中学习日语

1973年,教育部在上海召开华东地区高等院校教材改革经验交流会,宣传、推广上海机床厂"七·二一"大学根据典型工程组织教学的经验。同年11月28日,《光明日报》以《一所深受贫下中农欢迎的大学》为题,发表了关于辽宁省朝阳农学院的"经验"(被称为"朝农经验")之后,此种教学模式在全国强令推行。1975年,全国农林院校在朝阳农学院参观学习"朝农经验"。当时,强调按生产季节程序安排教学,强调基础理论要为专业课服务,对原有课程进行砍、并、压(取消外语课;植物与植物生理、土壤农化、蚕体解剖生理学、微生物等课程分别并入栽桑、养蚕、蚕病、桑病虫防治等课程内,压缩理论教学时数)。9月,在学习"朝农经验"后,蚕校开始招收"社来社去"班(从人民公社中来,回人民公社中去),搞"开门办学",也就是所谓的"请进来"(请有实践经验的农民为专业教师)、"走出去"(下乡拜贫下中农为师),办学方式实行"几上几下"(上就是在校学习,下就是回生产队参加生产实践)。1976年,续招"社来社去"班两个班,毕业生国家不包分配,根据"那里来回到那里去"的原则,均回本地区参加工作或劳动。此种教育形式严重地违背了教育规律,根本没有任何教学效果,"所谓的'开门办学',实际上是只'开门'不办学,只是让学生劳动"①。

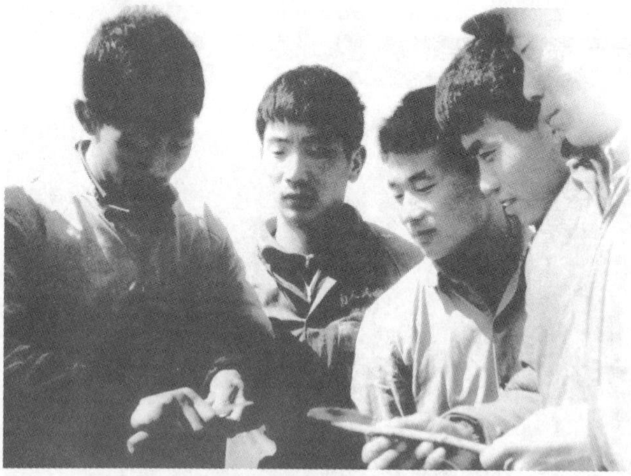
开门办学中向苗圃场工人师傅学习

① 何东昌:《当代中国教育》,当代中国出版社1996年版,第97页。

在开门办学中向木渎工人师傅学工

在开门办学中听农民技术员讲课

在开门办学中听苗圃场师傅讲课

在开门办学中学员在高邮种场采茧

在开门办学中参观苏钢厂

在开门办学中学军

3. "文革"末期蚕校的教学工作

1975 年 5 月，蚕校改由苏州地区领导，江苏省第四地质队工宣队撤离学校。12 月，苏州地委委任夏明波为学校党委书记和革委会主任，并派吴江新生丝织厂郭锦元等人组成的工宣队进驻学校。直至 1977 年 11 月，根据中央通知，工宣队撤回原单位，学校才逐步开始恢复正常的行政和教学机构。

1975 年至 1976 年期间，学校曾派专业教师帮助淮阴农校创办蚕桑专业，在仪征县、南通地区各县举办过多期函授班。同时，受省农林厅委托举办了两个培训班：一个是蚕桑干部进修班，一年制，学员 41 人；另一个则是根据本省各蚕种场的需要，培养工人技术员，称蚕种进修班，学制也是一年，第一期 39 人。学校按照这两个培训班的不同要求分别制订了教学计划，选编了适当的教材进行教学，以后又连续办了两期。

"文革"开始后，学校的科研工作即陷于停顿，以育种为主的试验部被迫撤销，部分育种原始材料转送设在高资蚕种场的省蚕桑试验组。直至 1969 年，始有部分专业教师采取组织科研小组和群众性科研活动相结合的形式，开展科学实验活动。自 1970 年以后，开展研究的课题有：杀螟杆菌对家蚕的毒害及其防治方法；壮蚕简易屋外育试验；桑树袋接、削接穗机的革新；家蚕新品种的培育；"920"在养蚕生产上的应用；等等。在"文革"后期，还有家蚕青头病病原及防治研究；东风－12 型手扶拖拉机桑田配套机具研制；蚕室清毒工具，电热补湿器；桑树短根接试验、桑树剪梢研究和小麦赤霉菌对家蚕影响的研究等。

十年"文革"的动乱，使国家与人民遭受到一场空前的浩劫，在高等学校中，农业院校所受破坏更加严重。即使在 70 年代初，学校恢复了招生，但在极左思想的影响下，学校的教育体制混乱，办学方向不明，开展的教学活动违反教学规律，从而在根本上影响了教育质量。其主要表现在师资和教学两个方面：

（1）广大干部与知识分子遭受严重迫害。"文革"开始，首先受到迫害的是学校的党政领导干部和一些专家、教授，某些中、老年教师也被认为是有严重问题的人。他们陆续被关进"牛棚"，成为革命的对象。到 1968 年，进行清理阶级队伍运动时，当时学校教职工共有 95 人，怀疑面达 60%，重点审查对象多达 37 人，占全校教职工的 38.9%。专案组对重点审查对象大搞"逼、供、信"，造成冤、假、错案多起。受一般审查的教职工也都受到揭发批判，使他们在精神上受到严重的创伤，教师队伍几乎完全散失。

（2）违背教学规律，降低教育质量。"文革"开始，学校即停止招生，"停课闹革命"和全国学生大串联持续时间达两年之久。青年学生在"造反有理"的口号下，把建国以来在党领导下开展的教育工作污蔑为资产阶级教育路线，全盘否定在贯彻《高等学校工作暂行条例（草案）》过程中建立与恢复起来的教学制度与教学秩序。1969 年上半年开始，推行所谓的教育革命。至 1972 年招收工农兵学员班，之后又搞"社来社去"，取消了入学考试。在学"朝农经验"时，否定基础课—专业基础课—专业课的正常教学体系，片面强调基础理论要为专业课服务，完全违背教学规律。"文革"期间，蚕校招收的学生有的只有相当于初中的文化程度，学习时间只有两到三年，在校期间的主要任务是搞斗争和劳动，根本没有学到任何知识技能。此种局面造成了蚕丝教育工作体系，乃至整个人才培养系统的断裂，带来了难以估量的严重后果。

第六章　蚕校的新时期(1977～1995)

第一节　学校工作的恢复与调整

1. 反思"文革"教训,恢复组织机构

1976年10月,党中央一举粉碎"四人帮"。在邓小平同志主持中央工作以后,蚕校广大教职工在党中央与江苏省委的领导下,为了统一思想,澄清是非,端正方向,搞好教育革命,一方面学习邓小平同志在全国科学大会上的讲话和全国教育工作会议上的讲话;另一方面揭批"四人帮"在教育战线上的流毒,特别是对"四人帮"在教育战线炮制的"两个估计"、"朝农经验"等问题,认真进行清理和批判。在揭批"四人帮"的斗争中,学校结合实际,着重批判了"朝农经验",并对"文革"期间学校的教学工作进行了反思。广大教职员工认为:学习"朝农经验"期间,学校按照蚕桑生产季节组织教学,对课程进行砍、并、压,腾出时间,进行实践劳动,直接造成了基础理论课和专业基础课的削弱,降低了教学质量;在"朝农经验"的影响下,学校成立了"上、管、改委员会",提出"打掉土围子,拆散教研组"的错误教学方式。教师都分到年级,极大地压抑了教师的积极性;片面实行"开门办学"、"几上几下",导致下乡实践的时间竟占整个教学时数的三分之一,使教育质量明显下降。通过揭批"四人帮"的罪行,批判其反动谬论,广大教职工看清了"四人帮"对学校教育工作破坏的严重后果,打碎了束缚知识分子的精神枷锁,重新调动起了广大教职员工的教学积极性。

声讨"四人帮"大会

1977年1月,蚕校恢复并调整了党政机构。学校党委下设组织科、宣传科及各党支部。行政机构在校长之下设教务科、总务科和实习场。1979年5月,经省委任命,仲若愚为校党委书记,管守孟为校长,冯仁怀为党委副书记,夏昌明为副校长。同年10月,裴家璜调来学校担任副校长。学校恢复了党的领导。1981年11月,学校领导班子调整,管守孟为名誉校长,夏昌明任校长,裴家璜任党委副书记、副校长,郑声镛任副校长,学校教学工作在党的领导下逐步回到了正轨。

2. 平反冤假错案,落实知识分子政策

1978年4月15日,中共中央决定对1957年"反右派"斗争中被错划右派分子的人予以平反改正。9月17日,中共中央又批发了《关于全部摘掉右派分子帽子决定的实施方案》。在拨乱反正过程中,蚕校党委积极而又稳重地落实党的干部政策和知识分子政策。1978年前,党委按照上级部署,对"文革"期间被重点审查的对象逐步进行了审查,落实政策的有31名,尚有6人待复查。1978年以后,党委经过调查研究,对一些因派性关系,弄虚作假,捏造事实,而遭受冤屈的,陆续全部作出符合实际的结论,彻底平反了全部冤假错案。同时,按照政策,落实处理了"文革"期间被查抄财物和被挤占私房等遗留问题。1979年4月,学校党委对被错划为右派的4人进行了复查,予以改正,恢复名誉。

3. 教学工作的调整

1977年10月,中央改革高等学校招生办法,高考制度全面恢复。1978年上半年,学校研究了今后的发展方向,认为按照高等学校的办学规律,单学科与单专业性质的学校不利于教学质量的提高,也不能提高办学的经济效益,应向多学科、多专业方向发展。经调查,当时江苏省有蚕种场29所,全国有200多所,在恢复生产的过程中急需不断补充技术力量。同时,生产中使用的蚕品种也有待改进,需要有新的蚕品种进行替代。因此,在学校增设家蚕育种专业,培养家蚕育种专门人才实有必要。同时,鉴于江苏省的茶叶生产有很大发展,生产部门也急需这方面的高级专门人才。于是,1978年,在江苏省农林厅的支持下,蚕校获准增设家蚕育种和茶叶两个专业,并于当年各招生一个班,每班学生20名。但是,由于茶叶专业上马仓促,有关师资及实习基地未能及时配齐与建立,虽然在办学过程中得到了安徽农学院茶叶系和江苏省有关茶场的大力支持与协助,但在江苏省农林厅对省内高级茶叶科技人才的实际需要进行调查之后,决定蚕校的茶叶专业暂停招生。在校学生到三年级时,由农林厅安排委托安徽农学院茶叶系代培一年。至1981年,学校茶叶专业停止招生。

学校除招收普通班外,还兼办成人教育,培训在职人员。从1977年起,学校先后接受农林厅委托续办江苏省蚕桑干部进修班和蚕种进修班各两期,学制均为一年。自1979年起,学校受农业部委托举办全国桑蚕良种繁育技术训练班四期,学制为一年。1981年,受省农林厅委托举办江苏省蚕桑行政干部培训班五期,为期三个月。1982年,举办江苏省蚕桑技术干部进修班三期。1983年,又受江苏省教育厅委托举办省中学蚕桑教师进修班,为期一年。

高等农业院校除担负培养高级农业技术人才外,同时还担负提高科学技术水平的任务。早在50年代初,学校即设有试验部,有专人负责运用遗传学原理进行家蚕新品种的培育工作。1959年,在蚕桑机具改革上,电动脱水机、活动蚕台等器具的研制已经基本定型。到1972年,已有较多教师紧密配合教学进行科学研究,但因“文革”而被打断。自1978年以来,学校科研工作逐步回到正轨上来,取得了一些新的成果,其中电热补湿器获江苏省科技大会奖;东风—12型手扶拖拉机配套机具、中耕除草机和拔桑树机,于1978年由江苏省革委会颁发奖状;1980年8月,“家蚕青头病病原及防治方法的研究”获农业部1978年前技术改进一等奖;同年,PCK—IC自控蚕种催青箱获江苏省农林厅1979年度农业技术改进二等奖。

1977年9月,农业部召开全国农林院校教材编写会议以后,委托蚕校与浙江农学院共同牵头研究制订了高等农业院校本科蚕桑专业教学计划和高等农业院校蚕桑专业教材的编写工作。在编写本科蚕桑专业七门专业教材中,学校承担了《桑树栽培及育种学》、《桑树病虫害防治学》两门课程的主编,并参加《蚕体解剖生理学》、《养蚕学》、《家蚕良种繁育及育种学》、《蚕病学》课程部分章节的编写工作。以上几门教材,均在1979年1月、7月交稿,至1980年下半年陆续出版。

1963年,江苏省蚕桑学会成立之时,其组织机构便挂靠在蚕校。1978年,蚕桑学会重新恢复活动。1979年起,该学会主编的《江苏蚕业》(季刊)编辑室也挂靠在学校,由管守孟任主编,陆辉俭任副主编,1985年增补郑声镛任副主编。

1979年,扬州会议和贯彻落实《高等学校体育工作暂行规定》以来,学校加强了对体育工作的组织领导,成立了体育运动委员会,下设各学科体育领导小组,开展经常性的竞赛活动,每年召开一次田径运动会,贯彻普及与提高相结合的方针,坚持学校各项运动队的训练。学校体育教研室则按照部颁教学大纲的要求,结合学校实际情况,拟订教学计划,教学进度,教学日历和考试、考查项目标准(评分方法),编写了全部课时计划等教学文件。在群体工作方面,学校坚持严格的早操和考勤制度,把课外活动列入课表。体育锻炼的开展以《国家体育锻炼标准》为基础,通过课内外相结合的办法,在规定时间内进行“达标”测验与辅导。在体质调查方面,按上级规定,体育教研室与医务室配合做好学生形态素质、机能的测试调查工作。从80级开始,学校为每一位同学建立了健康卡片。

第二节　教育体制改革中的蚕校

1980年2月,中共十一届五中全会提出要“确立适合国民经济发展需要的教育计划和教育体制”①。以此为起点,中国开始了对教育体制的逐步改革。其后,中国高等、中等、初等以及社会教育都取得了飞速的进步。1985年5月27日,中共中央发布的《关于教育体制改革的决定》,确定了教育体制改革的方向、目标和途径,成为形成有中国特色社会主义教育的纲领性文件。为了紧密配合教育体制改革,蚕校从制度管理、专业设置、师资培养以及后勤保障等方面都进行了卓有成效的工作,展现出更加旺盛的生命力。

1. 组织机构建设与思想教育管理

1983年5月,蚕校根据邓小平同志提出的干部应该“革命化、年轻化、知识化、专业化”的要求,调整和充实了校级和中层领导班子。江苏省委派出以省高教局局长顾尔钥

① 《中国共产党第十一届中央委员会第五次全体会议公报》,人民出版社1980年3月版,第2页。

为首的工作组来校召开干部与教师会议，广泛听取群众意见，并进行民意测验，为调整学校领导班子作了准备工作。在教育体制改革进行的过程中，蚕校的校长分别由夏昌明、喻叔英等同志担任，党委书记由王其惠、蒋欣荣等同志担任，在校领导的周围团结了一批具备“四化”条件的优秀干部和教师，成为带领蚕校向前迈进的核心力量。

图 108　喻叔英校长在第一个老师节致辞

实行教育体制改革后，学校设置的专业逐渐增多，由教务科统管全校教学、科研工作已不能适应教学改革的要求。1983 年 9 月，校党委决定对学校教学部门进行机构改革，先建立了蚕桑、生物、基础三个学科。12 月，调整中层领导班子及教研组领导人选，行政上设立教务处、总务处、保卫科，并设实习场（嗣后，图书馆、财务科也直属校长领导）。1984 年 12 月，学校成立校长办公室，负责协调全校各项事务。学校党委下设组织部、宣传部、党委办公室。由于领导班子的调整和学校管理机构的改革，学校干部平均年龄实现了年轻化，其中具有大专以上学历的人数占 80% 以上。这为下一步教学与科研工作的继续开展奠定了基础。1988 年，为了进一步实行党政分开，并理顺校内机构名称与职级，学校作出决定：将学校财务科、保卫科以及新增设的人事科，分别改称财务处、保卫处和人事处。教务处增设教务科，教务处下属的设备组及总务处下属的行政组、膳食组、校产组、医务室改建为科；各学科下属的教研组以及教务处下属电化教研组，均改为教研室。

在进行组织机构改革的同时，学校也将校内的思想政治工作放在了学校组织工作的首要位置。1985 年 3 月中旬，在中共苏州市委的具体领导和部署下，蚕校正式开始整党工作，至 9 月底结束，共历时七个月。这次整党对学校党委及支部在思想作风、组织等方面存在的问题进行了认真的整顿，并注意边整边改。广大党员同志通过整党，明确了教育改革的根本目的，进一步端正了业务工作的指导思想；增强了党性，提高了党员的素质；彻底否定了文化大革命，进一步肃清了“左”的影响；找准了党委领导的主要问题，制订了整改措施；看到了自己的差距，明确了今后的努力方向。

1988 年 6 月，学校召开思想政治教育研究会成立大会。大会通过了《苏州蚕桑专科学校思想政治教育研究会章程》，选举产生了第一届理事会。8 月，苏州市职工思想政治工作研究会批复同意学校思想政治教育研究会以团体会员加入该会。要做好学校的思想政治工作，必须有一支素质好的政工队伍。学校党委一方面首先抓好党委职能部门和各党支部领导骨干队伍的建设，使他们真正能够认真负责地抓好思想政治工作；另一方面抓好专职学生政工队伍的建设，选留了一批政治素质好、活动能力强的毕业生担任学校各年级的政治辅导员。同时，在青年教师中挑选合适人员充任兼职政工人员，以加强政工队伍，并注意对他们的培养教育，提高他们的素质和业务能力。

另外，蚕校也十分重视民主党派建设和教职员工的参政议政工作。1987 年 10 月，民盟苏州蚕专小组正式建立，并召开成立大会，中共苏州市委统战部、民盟苏州市委领导出席了大会。同年，九三学社也在学校建立了小组。1980 年 6 月以后，学校先后有近 20 人次担任省、市一级的人大代表或政协委员。这些当选的代表、委员都能积极参与地方的政治活动，在出席会议及其他活动中，认真收集本选区人民群众的意见和要求，并向地方政府提出建设性建议；对政府工作中的某些失误，也敢于提出批评，增强了参政议政的能力。

2. 加强专业设置和学科建设

1982年，根据江苏省普通中学生物师资紧缺的情况，省高教局和教育厅决定在蚕校增设生物专业。学校随即拟订了三年制生物专业教学计划，选用教材，筹建动物与动物生理实验室，增建动物饲养房、温室等，并申请调配动物学、动物生理学、教育学、教育心理学等方面的师资。江苏省下拨开办费5万元，作为增添设备之用。同年秋季，生物（师资）专业招收第一批30名学生。1983年以后，每年招收两个班。1986年7月，蚕校又增设应用生物专门化（师资），并于当年招生30名，次年招生两个班。1987年7月，学校将江南丝厂归还的10亩土地用于建立应用生物实验基地。

随着人民生活水平的提高，市场对淡水鱼类的需求也日益增长。因此，发展淡水渔业，培养淡水养殖的高级科技人才，实为当务之急。1983年，经江苏省人民政府批准，蚕校新建淡水养殖专业，并于同年秋季招生。为了解决新建淡水养殖专业实习的需要，1986年11月，学校在南大门内改桑田10亩为鱼池。1989年12月，学校决定将淡水养殖专业从生物学科分出，建立了水产学科。

1982年，根据农村普通中学开办职业班，突出问题是缺乏专业师资的情况，江苏省教育厅委托蚕校举办蚕桑师资培训班，由教育厅组织各地教育局抽调36名具有生物学基础的中、小学教师入校培训一年。结业后，学员回本地担任蚕桑职业班教师。省高教局、教育厅会同研究，决定在今后几年内学校蚕桑专业招收蚕桑师资班，每年30名。毕业后，学员由教育厅分配工作，并在1983年秋开始招生。1986年下半年，由于蚕桑师资班毕业生分配去向出现问题，省教委调整了蚕桑师资班的教学计划，将87、88两届毕业生分配去向调剂给省丝绸公司与省供销总社等部门。1987年后，蚕桑师资班停止招生。

蚕校从建国初到1967年，普通班招生面向本省，毕业生分配面向全国。自1967年以后，改为本省招生，本省分配。根据江苏省蚕桑科技人才更新与补充的需要，每年蚕桑暨家蚕育种两专业只能各招生一至两个班，学校在专业师资及设备方面均有潜力。1981年开始，根据江苏省招生工作会议精神，学校开始与外省区联合办学，招收代培生。先后有河南、山西两省委托代培蚕桑、家蚕育种两专业的专科生。1983年，又有新疆维吾尔自治区农牧厅委托为自治区代培蚕桑专业学生一个班，其中维吾尔族学生30名，汉族学生10名。至1987年新疆维吾尔族班完成学业。考虑到维吾尔族学生生活上的特点，学校专门开办民族食堂，并对原有食堂进行了改建，新建冷库一座，添置冰箱、和面机、面包机及蒸饭机械，改善了食堂及炊房的条件。1987年秋，广西壮族自治区环江县委托学校开办广西蚕桑干部培训班一期，学制一年。1988～1989年，又陆续举办蚕桑新技术、收烘茧和蚕桑农艺师等各种形式的培训班。1989年，经省水产局批复同意，学校招收淡水养殖专业证书班，并向农业部呈报开办面向全国的家蚕育种专业证书班，向省农业厅呈报开办面向全省的蚕桑及家蚕育种专业证书班。

在学科建设方面，蚕校根据历史与现状分析，认为学校的蚕桑学科历史悠久，在办学经验、师资力量和教学实习设备方面具有优势,能承担全部教学与科研攻关的任务。1985年7月,经省高教局批准,蚕校蚕桑学科被列为江苏省高校重点学科。为了使蚕桑学科真正成为蚕桑教学、科研两个中心的结合点,学校从两个方面加强了对学科的建设:(1)对现有教师通过多种形式和渠道进行业务提高,以在职进修、参加科研工作及专业生产活动为主,辅以脱产攻读硕士研究生及单科进修,从而大大提高了各类教师的业务素质;(2)为了促进蚕桑科研工作的进一步开展,承担重大的攻关课题,于1984年10月,成立蚕桑和家蚕育种两个研究室,研究项目主要是蚕、桑品种选育,桑树快速育苗及高产综合栽培技术,蚕、桑病虫害防治,提高出丝率、产卵率以及蚕桑机具的研制等。在科研工作中,科研人员注意合作攻关,取得了一定成效。但是,在1987年底,由于省高等教育局修改了重点学科标准,要求重点学科必须具备培养硕士研究生等条件,因此,学校的蚕桑学科未能被列为江苏省重点学科。

3. 师资培养与教学科研

蚕校师资队伍的建设,首先是培养学科带头人。自1980年起,学校先后选拔中青年教师7人去日本进修,使他们对世界蚕丝生产及科研动向有所了解。整个80年代中,学校共派出中青年教师148人次到国内重点高校进修,使他们的业务素质得到提高。学校多次在校内开设外语班,帮助青年教师掌握1~2门外语,藉以及时了解国内外科技动态。同时,学校组织中青年教师参加科研活动,鼓励与支持教师参加本课程的教学研讨会、教学评估和各学会活动,使他们通过科学实验增长才干。对于在教研组内开展的教研活动,学校推行以老带新的方式,促使新教师迅速成长。

其次,学校加强了与国外高等院校的交流工作。外国专家、教授纷纷来校进行学术交流。1980年,为蚕校发展作出过巨大贡献的白泽干回到学校进行考察和访问。1985年以后,日本蚕丝学会副会长、东京农工大学教授向山文雄,东京大学助教授渡部仁,名

白泽干先生(右三)回校访问

古屋大学川濑茂教授、山下兴亚博士，东京农工大学本间慎教授分别访问学校。1988 年，加拿大皇后大学生物学教授 G. R. Wyatt 偕夫人，日本京都工艺纤维大学纤维学部栗栖戈彦教授偕夫人等来校讲学与参观，并与学校专家教授进行了友好的交谈。1984 年，江苏省农林厅组织蚕桑学会专家考察小组赴日本考察，学校郑声镛副教授参加了考察小组。在日本期间，考察小组较详细地了解了日本蚕丝业教育、科研、生产、收烘、缫丝、织绸、印染、服装、贸易等方面的情况。

吉武成美教授作学术报告

向山文雄教授作学术报告

另外，学校高度重视教师的职称待遇和日常生活。学校于 1979 年、1981 年、1983 年三次进行教师职称评定工作。1986年开始，进行了职称评审工作和教师及其他系列的职务聘任改革。经各级评审组评审，取得高级职务任职资格的有17名，中级职务任职资格的48名，初级职务任职资格的70名。1988年9月，学校成立专业技术职称评聘委员会，由喻叔英等13人组成并开展工作，先后聘任高级职务8名，中级职务41名，初级职务5名。自1984年后，在贯彻知识分子政策方面，学校继续做了大量工作。根据苏州市政府文件，将116名中级以上职称的知识分子及原苏州市的职工及其子女的户口迁入苏州市，并设法解决了他们部分生活供应上的困难，帮助部分知识分子解决夫妻两地分居的实际困难；按照政策，帮助部分教职工解决家属的农转非问题。

稳定的师资队伍为学校教学和科研工作的顺利开展提供了保证。1983年，中央关于科研体制改革的文件下达以后，学校改进了对科研工作的管理。校学术委员会在选题上把好关，凡属重点课题，须经学校学术委员会进行论证，力求选题正确，然后上报主管部门审批。自选课题在学科中也要组织有关教师论证，学科审查，学校批准。重点课题由学校与有关人员签订合同，课题一经确定，不得中途变更内容。同时，加强课题经费的管理使用，按专项建立使用卡，确保专款专用。科研成果及时组织推广，应用于生产。

通过不断加强对科研工作的领导，学校的科研工作逐步走上了正常的轨道，并取得了相当可喜的成果。其中，《温湿度自控仪》获江苏省农林厅1983年度农业技术改进三等奖；《湖桑袋接穗头贮藏嫁接试验》获江苏省农林厅1983年度农业技术改进四等奖；仅1984年一年中，在国内外及省级刊物和学术会议上发表科研论文39篇，其中有10篇发表在国外专业杂志上；《湖桑绿枝土钵扦插研究》获江苏省农林厅1985年度农业技术改进三等奖；《蚕种加密催青机具研制及加密催青》获江苏省农林厅1985年度农业技术改进三等奖；《桑树剪梢技术研究》获江苏省农林厅1985年度农业技术改进四等奖；学校桑病虫防治教研组与浙江省农科院蚕研所合作课题《桑疫病菌生物学特性研究》获1985年度江苏省科学技术进步三等奖；1988年，学校桑病虫教研室与上海有机化学研究所合作课题《桑毛虫性信息素的结构测定和化学合成》获中国科学院科技进步三等奖；《湖桑绿枝扦插育苗技术推广》获江苏省农林厅1988年度农业科技进步三等奖；《关于家蚕NPV、CPV感染抵抗性的研究》获江苏省政府1988年度科技进步四等奖；1987年，学校堵鹤鸣等人的《桑疫病菌生物学特性的研究》被列入第15届国际蚕业大会论文，堵鹤鸣出席在泰国召开的第15届国际蚕业大会，并宣读论文。

1989年，学校成立苏州蚕桑专科学校蚕桑科学研究所，由学校直接领导。凡学校蚕桑科学研究方面的规划、组织和管理均由该研究所负责。原蚕桑学科所属各教研室同时为蚕研所的研究室，各教研室的科研工作同时也接受研究所的领导。此外，部分专业教师承担了《辞海》、《大众农业辞典》、《中国大百科全书》、《中国农业百科全书》等辞书关于蚕桑部分条目的编写工作；还为省科技出版社编写《蚕桑基础知识》等干部自学教材；由学校部分专业教师编译的《综合蚕丝学》向全国发行；部分专业教师参加了中国农业科学院蚕业研究所主编的《中国养蚕学》、《中国栽桑学》两本书部分章节的编写工作。1988年5月，中国农科院蚕业研究所组织编写《世界蚕丝业》，聘请学校副教授吴友良任编委。1988、1989两年，全国高等农林专科基础课程教材委员会下达全国农林专科学校基础课教材编写计划，包括《生物化学》、《土壤肥料学》、《组织胚胎学》、《普通动物学》、《高等数学》、《植物生理学》等,学校部分教师承担了上述课程的主编、副主编及编写工作。

陆辉俭教授(前排右四)参与大百科全书编撰

陆辉俭教授参与全国高校桑树栽培及育种学教材编写

由学校编辑的《蚕桑科技资料》(年刊)作为向其他院校交流的内部刊物,自 1972 年起刊印,1987 年起改名《教学与研究》。1988 年 4 月,经江苏省新闻出版局同意,将《教学与研究》改为《苏州蚕桑专科学校学报》(半年刊)。

1986年7月,学校部署编写各课程教学大纲,蚕桑学科各门课程教学大纲在1987年完成,生物学科各门课程的教学大纲在1987年底也基本完成。根据江苏省教委1987年关于重点课程建设的通知,学校确定1989年有桑树栽培与育种学、养蚕学、蚕病学、桑树病虫害防治学、植物生理学、微生物学、生物化学、鱼类组织胚胎学、高等数学等10门课程为首批重点课程,省教委先后拨款8万元,由教务处根据各课程教学实际,统一安排使用。

4. 学生管理和教育工作

为了符合教育体制改革的新要求,蚕校对于学生的教学工作进行了重新定位,针对学校蚕桑农业专业的特点,以加强学生实验和实习工作为学校改革教学环节的重点任务。为此,学校各实验室增添与更新了一些常规仪器设备,逐步满足各门课程教学大纲对实验的要求。1985年1月,江苏省高教局计财处、科技处邀请南京师范大学、江苏农学院、苏州大学等院校部分科研管理干部和专业教师为蚕校建立中心实验室举行论证会。专家们一致认为,建立一个为全校各学科并主要为蚕桑重点学科服务的中心实验室的意见是可行的。除学校已有仪器设备,如大型生物显微镜、紫外分光光度计、高速离心机、气相色谱仪外,学校又增添了贝克曼332型高效液相色谱仪、凯氏自动定氮仪、原子吸收分光光度计、电子自动天平、DC—55B冷冻干燥器等精密仪器设备。据1989年统计,全校已有实验室25个,中心实验室1个,能开出373个实验,占教学大纲应开实验数的91%。自1979年以后,学校购置教学仪器设备费计191万元,共2 081台件。有些实践性强的课程,教师采用理论与实验分开评分的办法,实验的成绩及格,才能参加理论部分的考核。为了提高学生的实践能力,加强对学生专业实习的指导,学校设有蚕桑实习场,有实习桑园80余亩,翻建实习及科研蚕室两幢及附属房屋。在省丝绸总公司的支持与资助下,学校增添了丝质鉴定全套设备,作为教学实验之用。

在学生的思想品德教育方面,1983年,学校按照国家教委文件规定,开设了思想品德教育课程,进行系统的德育教育。1983年12月,学校建立德育教研室。1987年,学校根据中央文件和省教委关于马列主义理论课改革计划和思想品德课教育要求,结合学校实际,逐步改革了课程设置和教学内容,将原来的中共党史课程改成中国革命史;1988年,把政治经济学改成中国社会主义经济建设,哲学改成马克思主义原理。同时,在教学中密切联系学生思想实际,将坚持四项基本原则、反对资产阶级自由化与社会主义初级阶段理论、基本路线等内容有机地贯穿到教学之中,以提高教学效果。

5. 学校基础设施的完善

蚕校原建校舍大部分在抗日战争中烧毁,解放初仅有校舍5 160平方米。1952年,虎嘐蚕种场将生产房屋赠送学校,计3 379平方米。1957年,壬戌馆蚕种场将生产用房3 286平方米拨给学校。1965年,蚕校原专科学校校址与原浒关蚕种场房屋对调,房屋面积基本相等。但是,并入和调入的蚕种场房屋都是蚕室、附属室结构,且大部分比较破旧,不适合教学使用。自1978年以后,学校陆续增设新专业,招生数亦逐年增加,原有的教学条件与生活设施亟待改善。1981年8月,学校划归省高教局管理后,每年都有基建投资。从1977年起至1989年,基建总面积达3 305 964平方米,投资总额为570万元,学校校容得到很大改观。

学校的图书馆舍,过去一直利用旧有生产或教学房屋,设备简陋,借阅图书均采用闭架式。1983 年,学校新建图书馆一幢,面积 2 300 余平方米,配置了相应的设备。全馆设有学生报刊阅览室、师生借阅图书流通室、中外文期刊资料阅览室、教师阅览室等面向师生的服务部门,在计划中还准备建立样本书库。同时,还配备有采编室、情报资料室、书库等业务部门。1989 年,藏书及期刊合订本数量为 152 000 余册。除对教师开架外,一般采取半开架流通方式。另外,学校重视图书馆内工作人员的业务培养,创造条件,提高他们的业务水平,以更好地做好服务工作。

1988 年 5 月,经苏州市计委批准,学校建立苏州蚕桑专科学校服务公司,性质属集体所有制的校办企业。之后,又先后建立西陵堂湖笔厂和西陵堂发火器厂,均隶属校基金办公室。1989 年,学校蚕桑学科与吴江县多管局联营建立苏州蚕桑专科学校吴江蚕药厂。6 月,为了更好地为蚕桑生产服务,总务处按照上级精神,对处内大多数单位实行全面承包责任制。这一举措得到了广大师生的支持,同时调动了总务部门员工的工作积极性。

第三节　新时代的蚕校

20 世纪 90 年代的中国已经进入了一个全新的时代,党的十四大提出了建设社会主义市场经济的新目标,而教育体系也面临新的变革。1992 年 2 月,中共中央下发《中国教育改革和发展纲要》,提出了指导 90 年代甚至是 21 世纪初教育工作的新方针。4 月,蚕校根据《纲要》的指示精神,提出自身深化改革的几方面工作,包括科研管理体制改革、招生制度改革、有偿服务改革、修订奖金分配办法、搞好住房制度改革等。根据教育改革的需要,蚕校在新的时代发生了巨大的变化。

1. *办学规模持续扩大*

根据《纲要》中提出的要大力加强和发展地区性的专科教育,特别注重发展面向广大农村、中小企业、乡镇企业和第三产业的专科教育这一方针,蚕校结合自身的办学特点,充分发挥高等农林院校的资源优势,扩大办学规模,努力为社会和地区生产服务,实现了教学与实践相结合的改革目标。

1990 年 9 月,蚕校决定将蚕桑学科、生物学科和水产学科分别改称蚕桑系、生物系和水产系,基础学科改称基础部。1991 年 6 月,学校根据《关于教育发展的"八五"计划和十年规划的报告》,制定出自身的目标和步骤,计划到 20 世纪末,"逐步把我校建设成一所适应农村经济建设和社会发展需要,能发扬蚕桑优势,办出为农业多种经营服务特色,独具风格的农业高等院校"①。在办学规模上,要达到 4 个系,7 个专业,在校学生超过 1 200人。其中,蚕桑系在原有蚕桑和家蚕育种专业基础上增设茧丝专业,并视需要增设蚕学本科专业,招收研究生;生物系在原有生物和应用生物(农业多种经营)专业的基础上,再增设一些专门化专业;水产系在原有淡水养殖专业的基础上,拓宽专业知识范畴,扩展为水产养殖专业,增加特种养殖和海水养殖两个领域;农业教育专业,将统一原有各师资专业,形成农业教育专业,主要培养农村职业技术教育专业师资。为了确定名实相

---

① 苏州大学档案馆藏:《苏州蚕桑专科学校 1991 年大事记》,苏州蚕桑专科学校档案,永久 274 号。

符的学校名称,学校计划在保留原校名的原则下,拟改称苏州高等农业专科学校。

按照此项规划,学校按部就班地开始了拓展专业设置的计划。1992 年 12 月,蚕校获准将蚕茧收烘列入蚕桑专业,同时增设应用生物学,学制均为三年。1993 年 2 月,增设农村经济与贸易专业,淡水养殖专业改名为水产养殖专业,并于 1993 年秋季开始招生。同年 5 月,学校建立经济与贸易系,下设农村经济与贸易专业,计划今后根据需要增设新系。鉴于经济与贸易专业与马列主义教研室的学科特点和师资情况,决定两者合署办公。所有新设专业开始招生后,当年学校招收新生人数达到 500 人,使学校教学规模上了一个新台阶。1995 年 2 月,江苏省教委批准蚕校蚕桑和经贸专业进行双专科制试点招生。学制四年,招生人数 30 人。同时,蚕校获准将会计专业方向列入经济贸易专业。9 月,学校在对吴县、淮阴、淮安、盐城、建湖等地进行实地调查后,了解到这些地区的初中英语教师缺额很大,"仅淮安市便缺额 170 人,盐城市缺额 500 人"①。于是,结合蚕校的师资力量和发展苏北地区基础教育的要求,学校决定增设英语教育专业,学制为大专三年,重点培养初中英语师资。

在扩大全日制普通教育办学规模的同时,蚕校也在不断增加社会教育的办学规模。1991 年 10 月,学校发表《关于坚持"三结合"办学,主动为社会服务的报告》,报告总结了 1988 ~1990 年学校在为社会服务方面所做的工作,并提出今后要继续"坚持'教学、科研、生产'三结合的原则"②,继续为社会和生产服务。为此,学校在举办函授专业和为各地培训蚕业人才方面做出了积极的努力。

学校的函授教育是从 1993 年开始的。当年 3 月,江苏省教委同意学校举办函授部(专科),从 1993 年开始招生,开设全日制普通班已有的专科专业。全日制学制为三年的专业,函授或夜大学不得少于四年,专科函授总学时不少于 2 500 小时,其中集中教学时间不少于 800 小时。9 月,首届水产养殖专科(三年制)函授生全部报到注册,顺利开学。这是建校以来的第一批函授生,标志着学校函授教育工作的开始。至 1995 年,蚕校的函授招生规模再次扩大。2 月,学校 1995 年蚕桑函授大专获准跨省在河南地区招收 20 名学员。10 月,蚕校申请开办函授化学分析和生物学教育专业,以满足江苏省部分化工系统企业中化学分析人员和小学自然课教学人员提高自身专业知识的要求。

在培训蚕业人才方面,学校从 1991 年 9 月便开始举办蚕桑技术培训班,面向社会招收具有初中文化程度以上,由所在单位推荐或自愿报名的学生入校学习,培训时间为半年。学校希望通过半年的系统学习,能够使学员较牢固地掌握农村蚕桑生产的主要技术环节,从而承担基层蚕桑生产的技术指导工作。1992 年 11 月,蚕校接受农业部委托,为全国各蚕业生产区招收家蚕育种专业代培生,每年招收一个班,30 ~40 人,学制三年,毕业后由各省委托单位负责安排工作,享受国家专科学校毕业生同等待遇,于 1993 年正式列入江苏省招生计划。1994 年 9 月,学校水产系与泗洪县商定开办水产养殖成人大专班,脱产学习两年后,毕业回原籍从事水产养殖技术工作,为该县培养一批高级水产技术

① 苏州大学档案馆藏:《关于设置专科英语教育专业的请示》,苏州蚕桑专科学校档案,永久 1995 - jx12 - 1 号。

② 苏州大学档案馆藏:《关于坚持"三结合"办学,主动为社会服务的报告》,苏州蚕桑专科学校档案,长期 495 号。

专业人员。第一批招生共35人。同时，学校农村经济与贸易专业也开设了面向高考落榜生的成人教育大专班，以便利用各种形式，多层次、多规格、多形式地培养人才，为蚕桑生产提供充足的人力资源的供给。

2. 教学工作全方位加强

随着办学规模的不断扩大，蚕校对教学质量的提高也更加重视起来。为了加强学校教师的知识理论水平，学校通过与先进国家不断进行学术交流的方式，保证学校的教学理论和技术水平始终处于本学科的前沿位置。在此过程中，既有校内的老师出国进修，也有大批的外国专家来校访问讲学。

1990年5月14日，日本京都工艺纤维大学纤维学部松原藤好和松本继男教授前来进行为期一周的学术交流。在校期间，两位教授分别就"无菌生物学在蚕丝生产科学上的应用和发展"以及"饲育环境的微生物控制和蚕病防治"面向全校学生做了学术报告，并且与学校教师进行了座谈。在座谈会上，两位教授具体介绍了日本人工饲料研究的经过和现状，并就此方面的研究结合中国的实际情况作了详细的分析。在参观学校养蚕实习和日常教学过程中，两位教授还传授了最新的鲜茧缫丝处理工艺的试验情况，为学校在蚕茧收集方面提供了新的途径。两位教授通过参观和座谈了解了学校的具体情况，表示回国后将积极促成两所学校缔结友好关系，并且帮助蚕校的赴日留学人员介绍和推荐优秀的学校及专业，为今后的共同研究继续努力。自此之后，整个90年代，蚕校的对外交流工作不断开展，为学校各个专业的理论提升和学术进步提供了极大的便利。

90年代苏州蚕桑专科学校对外交流情况一览表①

时　间	交流人员情况	交流项目
1990年5月	学校生物系讲师周劲松赴日本名古屋大学进修	进修分子遗传学
1990年8月	日本东京农工大学浜野国胜和向山文雄来校讲学	学术报告内容为低成本人工饲料的开发和广食性蚕品种的培育
1990年9月	蚕桑系副教授姚祥赴日本东京农工大学进修	进修蚕桑综合利用
1990年11月	日本鹿儿岛县农业技术交流团来学校参观访问	商谈了双方技术交流的事务
1991年1月	学校蚕桑系陆小平自费公派赴日本信州大学纤维学部应用生物专业进修	从事桑树激素生理研究
1991年4月	利比亚工业研究中心皮革纺织部阿依莎·奥莫拉佩姬主任等人来校交流考察	商谈蚕桑人才培养和进行蚕桑科学技术合作研究的事宜
1991年7月	学校副校长吴友良教授前往日本京都工艺纤维大学纤维学部进行访学研修	研修内容为人工饲料全龄无菌饲育技术
1991年9月	学校讲师沈卫德赴日本东京农工大学进行短期访问研究	研究课题为家蚕和野蚕的比较生理学研究
1992年7月	德国马堡大学库尔曼教授来校访问	

① 根据苏州大学档案馆馆藏档案中苏州蚕桑专科学校90年代历年大事记所制。

续表

时间	交流人员情况	交流项目
1992年9月	日本蚕丝学会副会长岩下嘉光教授来校讲学	学术报告内容为家蚕病毒病在电子显微镜下的病理变化
1992年10月	日本信州大学植物组织培养及细胞融合研究专家押金健吾教授、家蚕遗体及发生学研究专家武井隆三教授来校讲学	学术报告内容为桑树的组织培养和家蚕育种
1992年10月	日本金城大学森桂教授和家畜生物化学研究会长泽成吉博士来校交流	学术报告内容为家蚕粘腺的超微结构
1993年4月	白俄罗斯林业研究所专家叶夫吐霍夫来校参观访问	参观食用菌基地
1993年10月	巴西蚕业考察团来校参观	
1994年9月	菲律宾农业部纤维工业发展局官员来校考察	
1995年5月	日本农林水产技术情报协会技术情报部部长大山胜夫来校访问讲学	学术报告内容为生物技术在农业中的应用

在注重对外交流的同时，蚕校也努力在校内创造一个良好的教学和科研空间，为学校教学科研水平的提升创造条件。1994年4月，学校开始筹建生物技术研究与开发中心，下设基因工程和细胞工程两个实验室。基因工程实验室主要利用分子生物技术研究高等动植物的整体表达系统，通过对基因表达和调控等过程的探讨，从分子水平解明生物的各种技能。细胞工程实验室主要利用组织培养和细胞培养等生物技术进行作物、蔬菜和花卉的品种改良，以及以优良品种的大量增殖和无病个体育成为目的的研究。研究中心的仪器设备对全校科技人员开放使用，以促进和提升教职员工的科研积极性。1995年3月，学校为留学归国的沈卫德老师配备了9 000元的科研启动资金，并将此项工作确定为学校的经常性工作，配合江苏省教委，每半年申报一次，为广大留学归国人员提供更加优厚的科研条件。

对于蚕校的教学工作，学校不但在师资力量培养上有的放矢，而且对学生的学习条件也关怀备至。为了能使学生尽快将学校中学到的知识应用于实际工作中，学校为各个专业配备了相应的实习基地。1991年8月至1992年1月，根据江苏省《关于加强和改进普通高校校外生产实习工作的意见》，学校蚕桑系与浒墅关蚕种场、镇江蚕种场、镇江蚕研所以及吴县和无锡等地市多种经营管理局签订了蚕种、蚕桑生产实习基地协议；生物系与浒墅关、望亭、长青等中学签订了生物师资教育实习基地协议；水产系与苏州娄葑水产养殖场签订了建立水产养殖专业实习基地协议。1995年4月，考虑到吴江市经济比较发达，乡镇企业发展迅猛，蚕校决定与吴江市政府合作，在吴江建立一个贸易经济专业的学生实习点，以便贸易专业的学生能够亲身参与到社会经济发展的进程中去，从而更好地掌握所学知识。

同时，为了适应社会发展的前进步伐，帮助蚕校学生掌握日益重要的计算机和外语能力，1993年10月，学校决定从当年秋季开始面向全校学生举办一系列单科选修和短期培训班。其中，单科选修课程有微机操作及数据库系统、英语和市场营销，短期培训班有电脑打字、摄影摄像和仪器分析等课程。对于上述课程学习合格的学生，学校发给相应的学习证明，并推荐其中的优秀学生参加省、市有关的定级考试。

作为一所省属农林院校，蚕校的大部分学生均来自农村，学生的生活水平很低，少数学生仅仅依靠学校的各项补贴生活。为了帮助这些学生完成学业，蚕校于1994年4月实行了一系列解决学生生活困难的措施。首先，学校向60名贫困学生发放了一次性生活补助，共计4 495元，并于下半年再发放一次。同时，学校专门划拨出一部分资金，设立勤工助学基金，给学生创造勤工助学的机会，鼓励学生尤其是特困生参加勤工助学。另外，学校还要求膳食科设法组织菜源，在保证学生伙食质量的条件下，尽可能降低成本，从而在膳食上解决贫困学生的生活问题。

在保证生活的同时，学校也狠抓教学质量的提高。1995年3月，为了深化教学改革，反馈教学信息，加强学风、校风建设，蚕校决定聘请部分退休教师作为教学巡视员，实行教学巡视员制度。具体实施办法为：教学巡视员在退休教师中聘任，原则上为义务性质，只适当给予补贴。每位巡视员根据专业负责1～2个系，一般两人一组随堂听课，每月听课六节，实地了解课堂教学情况。听课时，对学生出勤、上课纪律、教师讲授水平以及学生反映作出记录，并填入教务处巡视员听课表。巡视员每月集中一次，反馈教学信息，交流讨论，并对学校的教学改革提出建议，包括教学计划、课程建设、专业设置等方面。教学巡视员制度的设立，为教务管理部门多了一张教学信息网，增强了任课教师和学生们的责任感与紧迫感，推动了学校校风和学风的建设。

3. 新校友会的建立

建国以后，蚕校因为一直处于更迭和动荡之中，因此原有的校友会机构一直没能得到恢复。而在改革开放以来，每年都有大批的蚕校校友回到母校进行返校参观活动，并开展一系列有关蚕业教育和蚕业工作的研讨会议。这些返校的校友为学校带来了大量的实践信息和经验，极大地促进了学校的发展。为了能够更好地利用这一优势，学校开始筹备重新恢复在蚕校历史上一直发挥着重要作用的校友会。

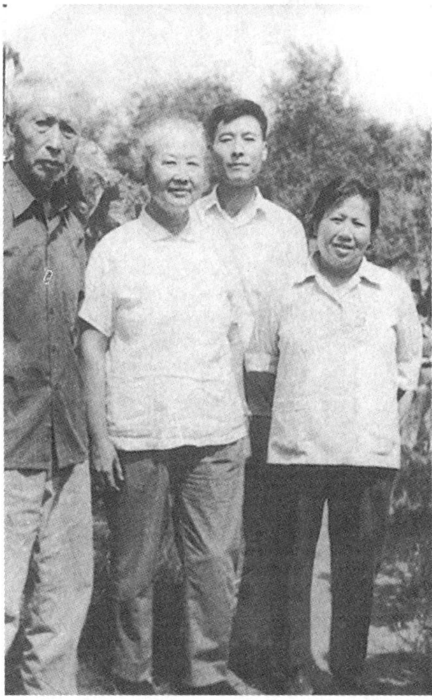

校友会名誉会长朱竹雯(左二)

1988年9月，学校在筹备“大蚕省力化机具研讨会”的过程中，了解到将可能有部分校友参与会议，便就此特别发布通告，希望借此次研讨会的机会酝酿筹备校友会的有关事宜。10月4日，研讨会在学校召开。“会议期间，召开了参加这个会议的校友座谈会……与会校友表达了对母校的深情厚谊，提出了许多有关学校发展和建设的有益建议，并就校友会筹备事宜，举行校庆活动的合适时间等方面发表了很好的意见”，学校“打算在进一步听取意见的基础上，适时成立校友会筹备组织”。① 1989年4月4日，苏州蚕桑专科学校校友

① 苏州大学档案馆藏：《蚕专成立校友会事宜》，苏州蚕桑专科学校档案，永久209号。

会筹备委员会第一次会议召开。筹委会由喻叔英、郑声镛等38人组成,第一次到会的为32人。在此次会议上,各位校友认真商讨了成立校友会和进行校庆活动的各项筹备工作。会议推举了校友会筹委会的领导人员,讨论并通过了《苏州蚕桑专科学校校友会章程(草案)》,确定了校友会成立及校庆活动的时间和内容,讨论了校友会理事会人选资格标准,为几项纪念性项目初步筹措了资金。1990年12月25日,校友会筹委会第二次会议召开。会议增选朱竹雯等7人进入筹委会,讨论了校友会章程的修改意见,推举朱竹雯为名誉会长,费达生为顾问,喻叔英为会长,并推荐了名誉理事候选人17名,常务理事候选人49名,理事及秘书长候选人106名。大会确定1991年3月14日举行第一次理事会议,3月15日在举行建校88周年庆祝大会的同时成立校友会。

1991年3月15日,苏州蚕桑专科学校建校88周年庆祝大会召开,会议正式通过了蚕校校友会章程和理事会人选。校友会章程主要包括以下内容:

建校88周年庆祝大会会场

一、本会定名为苏州蚕桑专科学校校友会。

二、本会宗旨

……

2. 加强校友与母校之间的联系,促进校友关心母校的发展,为教育、科研提供信息,办好母校。

3. 加强校友之间的联系,交流经验,协力发展母校新老专业……

4. 密切与海外校友的联系,增进他们对祖国的了解,热爱和关心母校……

三、凡在苏州蚕桑专科学校及其前身学校各个时期的毕业生、肄业生、代培生、进修生和学校举办的各种培训班学员以及在学校工作过的教职员工,即为本校校友。

……

七、本会设理事会……设常务理事会……另设名誉会长、顾问、名誉理事若干人。首届理事会人选，由本会筹备委员会提名。以后各届理事会人选，由上届常务理事会提名，由理事会讨论通过产生。理事会、常务理事会均由会长召集。理事任期为五年，可以连任。

……

十、在理事会、常务理事会闭会期间，由会长、副会长、秘书长、副秘书长处理本会日常工作。

十一、各地区可以根据情况需要成立校友会分会或小组，它是当地校友自己的组织，对本地区校友负责，并与本会建立联系，但不是组织上的隶属关系。

十二、本会经费由校友共同筹措。①

同时，章程中还规定了会员的权利和义务以及理事会、常务理事会的职责等方面内容。大会结束后，举行了郑辟疆校长铜像揭幕仪式。有关郑校长铜像的设置，学校早在1989年10月便向上级部门提出了申请，次年获得了批准。铜像及其附属设施的费用完全由蚕校校友自发筹集。铜像的设立，不但让郑辟疆校长永远伫立在蚕校的校园里，更将其献身蚕业教育和推广蚕丝事业的不朽精神永远保存下来，时刻激励着蚕校的学生们为所从事的高尚事业而奋斗。1991年4月23日，苏州市民政局正式批准了蚕校校友会的成立。

郑辟疆先生铜像

① 苏州大学档案馆馆藏档案:《苏州蚕桑专科学校校友会章程》,苏州蚕桑专科学校档案,永久209号。

第四节　蚕校并入苏州大学

1992年的《中国教育改革和发展纲要》提出，为了迎接世界新技术革命的挑战，要集中中央和地方等各方面的力量办好100所左右重点大学和一批重点学科、专业，力争在21世纪初，有一批高等学校和学科、专业，在教育质量、科学研究和管理方面，达到世界较高水平。根据这一要求，90年代初期中国高校领域兴起了以“共建、调整、合作、合并”为主要内容的高等教育管理体制的新改革。其中，相当数量的高校合并在一定程度上改善和优化了传统高等教育的结构与布局，打破了条块分割的办学体制和自成体系、“小而全”的封闭办学模式，有利于高校办学潜力的深度挖掘，从而实现教育资源的共享。通过高校合并办学，各高校之间实现了优势互补，其原有的学科类型、培养层次的差异也使得学科之间能相互渗透，从而形成学科综合优势。所以，高校合并实际是一种教育资源的重组，是联合办学、优化资源配置的最高形式，是教育体制改革中体制变动最深的一种形式。

正是了解到高校联合办学的优势所在，自1993年起，苏州蚕桑专科学校便开始与苏州大学协商关于联合办学，并将蚕校改称苏州大学生物技术学院的问题。1993年4月21日，蚕校与苏州大学联合发文，向省教委请示关于将苏州蚕桑专科学校改办为苏州大学生物技术学院的相关事宜。1994年3月2日，蚕校与苏大再次联合发出苏州大学、苏州蚕桑专科学校关于联办苏州大学生物技术学院的补充请示。1994年4月22日，苏州蚕桑专科学校和苏州大学向江苏省人民政府递交了关于两校联合办学的请示。

在请示中，蚕校分析了自身的现状，认为学校自1978年以后，先后增设了家蚕育种、生物（师资）、应用生物、水产养殖和农村经贸等专业，在生物学科，特别是蚕桑专业上具有优势，但限于“蚕桑”校名的束缚，办学规模仍然很小，办学效益也难有较大提高，特别是在人才培养方面不能实现综合性培养，不利于学生适应新时代的需求。而苏州大学作为综合性大学恰恰具备了蚕校所缺乏的多学科优势，加之苏州大学也在筹建生物系，因此两校的联合办学是条件成熟而且符合教育体制改革的要求的。而在联合办学的规划中，蚕校提出在依托传统优势，突出生物科学和技术的基础上，“把学院建成以农业生物与技术为重点，结构合理、规模适中（20世纪末在校生2 000人）、具有特色的新型学院。新学院人才培养的目标将是应用生物、水产等生命科学领域的应用型复合人才”①。

蚕校一方面拟通过改造传统老专业，加强现代生物技术对蚕业、水产业的渗透，将蚕桑系改为蚕丝科学与技术系，水产系改为渔业工程技术系，争取在利用基因工程、染色体工程技术培育新品种，人工饲料、生物农药和医药品的开发，以及病毒检测和细胞和组织培养等方面取得突破性成果；另一方面，蚕校拟将生物系改为生物科学与技术系，并建立生物技术研究与开发中心，充分利用苏州大学的综合性优势，利用其基础课的师资力量，加强学科交叉，逐步增设生物物理、生物数学和生物电子学等新专业。蚕校还计划自

---

① 苏州大学档案馆馆藏档案：《苏州大学、苏州蚕桑专科学校关于联合办学的请示》，苏州蚕桑专科学校档案，永久1995－DQ13－1号。

1995 年起在蚕学专业,1996 年起在生物系科的有关专业招收本科生,争取尽早恢复蚕学专业的省重点学科,以创造条件增设硕士点。在具体办学形式上,两校将实行实体型联合。苏州蚕桑专科学校改办为苏州大学生物技术学院,由苏州大学统一管理,包括申报专业、招生计划、教务活动和管理制度等方面。而考虑到蚕校的历史和影响力,学校校名将暂时保留,生物技术学院享受蚕专的原有待遇和原农林类院校的优惠政策,其所有领导班子、机构设置和人事管理体制等问题,则根据实际需要作相应的调整。

1994 年 11 月,苏州大学与苏州蚕桑专科学校联合向国家教育委员会正式提交"关于联合办成苏州大学生物技术学院"的报告。1995 年 3 月 6 日,国家教委批复"在全国高等学校设置评议委员会评议的基础上,经研究,同意将苏州蚕桑专科学校并入苏州大学,组建苏州大学生物技术学院,本、专科兼顾,撤消苏州蚕桑专科学校的建制"①。11 月 24 日,蚕校召开全体教职员工大会,宣布由朱炳元同志担任苏州大学生物技术学院党委书记,顾仁敖同志任院长。自此,苏州蚕桑专科学校正式完成了与苏州大学的合并工作,成为苏州大学生物技术学院。

苏州大学生物技术学院揭牌典礼会场

① 苏州大学档案馆馆藏档案:国家教育委员会教计【1995】22 号,《关于同意将苏州蚕桑专科学校并入苏州大学的通知》,苏州蚕桑专科学校档案,永久 1995 – DQ13 – 1 号。

结 语

百年来的中国历史,是中华民族争取解放、振兴祖国的历史。在这漫长的岁月中,苏州蚕桑专科学校可谓历史长河中的一滴水珠,虽然不引人注目,却能折射出全部的色彩。从20世纪之初史量才创办上海私立女子蚕业学堂时起,蚕校便与百年中国教育的发展历程相始终,并且不断展现出独特的魅力。蚕校的建立不但是近代中国新式教育的体现,更是女子教育和职业教育发展的典型范例。郑辟疆入主之后,更是将理论教学与生产实践紧密结合,将蚕校职业教育的功能发挥到了极致。蚕校的蚕丝改进推广工作从栽桑、育蚕到制茧、缫丝,渗透进整个蚕丝生产的每一个环节之中,为近代中国蚕丝业的振兴起到了举足轻重的作用,也为今后职业学校的教育事业提供了足资借鉴的优良范式。尽管此项工作被战火所阻断,但作为一颗优质的良种,它又在祖国西南肥沃的土壤中结出丰硕的果实。时至今日,我国西南地区的蚕丝发展仍然得益于当年郑辟疆和费达生等前辈所奉献的辛劳。新中国的蚕校,伴随着国家体制的转变,将全部工作的重心放在了教学领域,而不管是在校内的日常教学工作,还是校外的人才培训工作,蚕校都将其作为学校所应担负的责任,全身心地投入其中。在此阶段蚕校所取得科研成果,所培训的地方人才都成为祖国建设事业前进的重要推力。处于新时期的蚕校更是紧密配合教育改革的新形势,从更加高效优质地培养高层次人才出发,积极拓宽办学思路,努力使自己与时代的脉搏保持同步跳动。虽然与苏州大学合并之后,学校失去了独立的建制,但每一位蚕校的教职员工,每一位蚕校的毕业学生,都在经历了新的洗礼之后成为传播蚕校精神的新种子,撒播在全新的土壤之中。他们带着蚕校"诚、谨、勤、朴"的信念,在祖国各条建设事业的战线上生根发芽,为新中国这颗参天大树添枝增叶。

苏州蚕桑专科学校大事记

1897 年

7 月，清政府批准设立杭州蚕学馆，由杭州知府林启任总办。9 月动工兴建馆舍。次年(1898)三月正式招生开课，成为我国最早的蚕丝业专门学堂。自光绪二十六年(1900)开始逐年输送毕业生，第一期毕业 18 名，至宣统元年(1909)，共毕业本科生 11 期，计 164 名，培养出了我国近代最早的一批蚕丝实业、科技、教育的骨干，其中包括近代江苏女子蚕业学校的三位校长：史量才、章孔昭和郑辟疆。

1902 年

7 月，郑辟疆作为第三届毕业生从杭州蚕学馆毕业。

8 月 15 日，清政府公布张百熙奏订之《钦定学堂章程》。该章程形成了我国第一个法定教育体系，史称“壬寅学制”。此学制第一次将实业学堂纳入国家教育体系之中，标志着实业(职业)教育正式成为中国教育体系中的一种新形式。

1903 年

7 月，史量才和章孔昭作为第四届毕业生从杭州蚕学馆毕业。

1904 年

1 月 13 日，清政府正式颁布由张之洞主持编订的《奏定学堂章程》。该章程规定了在全国实行的新学制，史称“癸卯学制”。此学制中包含《奏定实业学堂通则》、《奏定中等农工商实业学堂章程》和《奏定实业教员讲习所章程》等有关实业教育的法规，使实业教育更加规范化和制度化。

春，史量才创办上海女子蚕业学堂。校址位于上海西门外高昌庙桂墅里，设置预科、本科和选科，第一届招生 20 人，是我国最早的女子专门实业学堂。

1911 年

史量才与江苏巡抚协商后，将上海女子蚕业学堂交由清朝江苏省转为公办，成立江苏省立女子蚕业学堂，并将校址迁往苏州浒墅关，由江苏省单独划拨荒地 160 亩，拨款建设教室 11 幢，宿舍 27 幢，办公室 7 幢，蚕室 6 幢又 10 间，以及其他用途的房屋若干，学校的规模有所扩大。

1912 年

1 月 1 日,中华民国建立。

9 月,北洋政府教育部颁布《学校系统令》,改革清代原有学制,史称“壬子学制”。

原江苏省立女子蚕业学堂正式改名为江苏省立女子蚕业学校,由章孔昭担任校长。开设养蚕科一个专业,学制为预科一年,本科三年。招生对象为小学毕业或具有同等学力的学生。学额定为每个年级 40 名。

1913 年

8 月,北洋政府教育部颁布《实业学校令》和《实业学校规程》,明确规定实业学校之种类,并新增商船学校和女子职业学校。《实业学校规程》对实业学校之编制、设备及修业年限、学科程度都做了规定。

1917 年

5 月 6 日,我国著名爱国民主人士、教育家黄炎培,联合社会知名人士蔡元培、张謇、梁启超、伍廷芳、宋汉章等 48 人,在上海创立了中华职业教育社,近代中国职业教育的热潮蓬勃开展起来。

6 月,章孔昭自女蚕校卸任,由侯鸿鉴暂时兼任校长。

1918 年

1 月,郑辟疆被任命为女蚕校校长。郑辟疆上任之初,便提出了女蚕校发展的新方针,包括:启发学生的事业思想;树立技术革新的风尚;以自力更生和节约的办法,尽量充实实验设备及实习基地,提高教学质量;坚决向蚕丝业改进途径进军。随后,还邀请教育家费迈枢作词,由季镜西谱曲,为女蚕校谱写了新校歌,并制定了“诚、谨、勤、朴”的新校训。

2 月,中国合众蚕桑改良会在上海正式成立,改良会成立的目的是改良和发展苏浙皖三省蚕丝生产事业,特别是从改良蚕种方面入手,希望能从根本上改变我国当时蚕丝业极度衰落的局面。

3 月,女蚕校改组校友会。校友会设通讯、出版、图书和交际等部门,管理校友会日常事务。确定每年 3 月 15 日为校庆日,当日召开校友大会。

女蚕校开设养蚕传习科,并且根据学习群众的程度分为甲、乙两种,甲种学期一年半,乙种学期半年。

1919 年

4 月,美国实用主义哲学家、教育家杜威来华宣传其实用主义思想,扩大了职业教育思想在教育领域的影响。

5月,“五四”学生爱国运动爆发,郑辟疆校长亲自带领女蚕校师生上街游行,并发表演讲,反对巴黎和约,抵制日货。

1920年

女蚕校选派费达生和郑蓉镜两人前往日本学习先进蚕业知识。费达生进入东京高等蚕业学校学习制丝。郑蓉镜进入上田蚕丝专门学校学习养蚕制种。

1921年

9月,美国教育家孟禄来华,亲身从事了大量的调查研究工作,并会同中国教育家们一起制定新的教育规划。

女蚕校设立原蚕种部,生产原蚕种与原原蚕种,备自用和各种场采用,以供新蚕业发展的需要。

1922年

1月2日,郑辟疆校长带领女蚕推广部主任胡咏絮及费达生、许皋、张兆珍等教员,携带展览品,向震泽进发,开展蚕丝改进宣传工作。

11月,在全国教育联合会所提出的学制系统草案的基础上,民国教育部以大总统令的形式正式公布了新的《学校系统改革案》,史称“壬戌学制”。针对中等教育和职业教育,新学制有了全新的规定:“中学校修业年限六年,分为初、高两级。初级三年,高级三年,但依设科性质,得定为初级四年,高级二年,或初级二年,高级四年”;“高级中学分普通、农、工、商、师范、家事等科……依旧制设立之甲种实业学校,酌改为职业学校或高级中学农工商科”。

新学制颁布之后,女蚕校很快将养蚕科升等为高级养蚕科,确定本科三年,预科两年;而原来的传习科则改为初级养蚕科,学制为两年。

1923年

女蚕校在开弦弓村开办蚕业指导所,指导经费为1 200元,由该镇与女蚕校各负担一半。这是女蚕校在蚕丝改进事业中开办的第一个地方蚕业指导所。

暑假后,学校场务组织略有变更,共分制丝、栽桑、养蚕三部,而制种事业归入养蚕部场务范围。

8月31日,为了强化旧学制下最后一批毕业生的学习质量,学校召开教务会议,决定变革学校的考试方式。

9月,学校增设推广部,每年额定经费1 300元。该部全部人员均为女性职员。内设主任部员一人,司驻办巡回全部事务,由胡咏絮担任。又配备部员两人,一司助理驻办部务,由许杲担任;一司助理巡回部务,由张兆珍担任。同时,为了配合推广部的事业开展,女蚕校特别组成由校内蚕学专家参加的推广事务会议,每月开会一次,以协助解决推广部在进行推广事业中所面临的各种问题。12日,郑辟疆校长召集推广部部员布置筹办事宜,女蚕校推广部正式开始运作。

9月底,女蚕校组织全校师生和职工为日本关东大地震进行捐款,并通过上海中华教育团日灾救济会汇送灾区。

12月9日,女蚕校演说联合会第二次比赛,邀请邵申培任主席,陆寄声、黄轨江、张感天任评判,共有九人参加,汪协如、汪雪芬、李懿和三人获得优胜。30日,第三次演说竞进会开会,俞韵娟任主席,朱慰春、俞起亚和张感天任评判,出席演说者八人,潘秀荣、梁皓如两人获得优胜。

12月12日,女蚕校邀请苏州云锦公所、丝业公会、铁机公会、文锦公所等团体代表十余人来校参观制工实习,同时组织开会研究吴县土丝改良计划。

本年起,江苏省立女子蚕业学校校友会开始编辑出版《女蚕》刊物,内容分论著、学术、专载、报告、校闻等栏,介绍当时我国蚕丝业生产状况与问题,以及日本蚕丝科学方面的进展。从创刊到1936年9月止合计出版发行70期。

1924年

1月16日,女蚕校召开全体教职员会议,对决算审查委员会进行第一次改选,选出审查员邵申培、史杏瞻、费达生、朱澹如、黄轨理、费迈枢、杜象飞等七人为审查委员,并推定邵申培为审查长,完成了学校经费管理新形式的首次运行。

2月12日,江苏省教育会于上海召集省立学校校长讨论江苏省校今后五年间概画,对其中关于女蚕校部分的规划(女子蚕业学校为四年期之职业学校,用单组制,其入学资格准小学毕业程度,并得视地方需要时,设短期之蚕丝职业科,以一级为限)有所意见,郑辟疆进行了相关的说明。

4月,江苏省教育行政委员会决定,女蚕校学制为:高级蚕丝科(三年毕业,初中毕业生入之),蚕丝科(两年毕业,后期小学毕业生入之)、蚕工职业科(两年或一年,不限程度)三种。16日,经过学校要求,在蚕丝科前冠名中级,年限仍为两年。

女蚕校与震泽市公所合组的蚕丝改进社在开弦弓村正式开办,改进社一方面负责本地区蚕户的消毒育蚕工作,另一方面进行缫丝技术的推广工作。

女蚕校与中国合众蚕桑改良会达成协议,通过直接收购蚕种和任用女蚕校毕业生这两种方式,加强合作,共同促进蚕丝改进事业。

女蚕校成立练习部,鼓励毕业学生回校进行练习,练习内容包括蚕业经营及改进之研究、推广事业之练习和检种技术等,练习期为半年。

女蚕校组织书画研究会。图画教员季镜西热心指导,每星期一、三、五课后开会,共同研究画学。入会者约有20余人。

1926年

4月,白泽干抵达女蚕校。到1928年5月,白泽干离开学校。他主要帮助女蚕校做了两项事情:一是创建天然冰库,试行冷藏盐酸孵化的人工孵化方法,使中国出现了第一座用于蚕种改良的冰库，进而使得女蚕校可以在 1927 年开始大规模地推行秋蚕饲养工作；二是厉行蚕室、蚕具消毒和母蛾检查，减轻了蚕病的威胁。

1927 年

4 月 18 日，国民政府在南京成立。25 日，国民政府召开会议，任命蔡元培等人为中央教育行政委员会委员，负责国民政府相关教育事务。

7 月 4 日，国民政府公布了《中华民国大学院组织法》，全国的大学区制正式施行。

10 月，作为全国最高教育行政机关的大学院在南京成立，蔡元培为大学院院长。根据《大学区组织条例》的规定，全国依各地的教育经济及交通状况定为若干大学区。每大学区设大学一所，设校长一人，负责管理大学区内一切学术和教育事项。随后，江苏省立女子蚕业学校也就改名为第四中山大学苏州女子蚕业学校。

10 月 27 日，女蚕校召开学生会筹备大会，29 日召开成立大会，通过章程，选举各部委员，从而正式成立了学生会，定名为第四中山大学苏州女子蚕业学校学生会，成员包括全体女蚕校在校学生。

11 月 16 日，女蚕校以“对内藉联络感情，力谋改进事业之方策；对外为校长后盾，有团结一致之精神”为目的召开全体教职员大会，讨论成立女蚕校教职员委员会的相关事宜。25 日，经起草委员拟就简章草案，筹备就绪，召集全体会员开成立大会，通过简章票选委员，宣告女蚕校教职员委员会的成立。

12 月 23 日，女蚕校蚕业研究会举行成立大会，定名为浒墅关女蚕校蚕业研究会。规定所有女蚕校蚕科教职员以及相关的制种家均得为研究会会员。研究会以交换知识、研究蚕业学术为宗旨，规定每星期五集会一次，以讨论蚕业上之各种问题。

1928 年

1 月 1 日，女蚕校召集各制种场代表来校参加第二次讨论会，与会的有 12 家制种场的代表 15 人。开会的主要内容为：一方面由学校报告上一年度蚕种检种和销售以及蚕种价格审查等情况，并且说明下一年蚕种供给和需求可能出现的问题；另一方面，邀请各制种场代表围绕种业经营与技术、制种新趋势和新技术以及当前国内外的蚕种改良情况等课题进行演讲，全校学生均参与旁听。

2 月，大学院通知第四中山大学改称“江苏大学”，并且不必加国立字样。

2 月 25 日，日本实业参观团一行五人来女蚕校参观访问。参观团的五位成员均服务于日本农蚕界，其中包括以研究人工孵化法而著称的京都高等蚕科学校教授荒木武雄。学校特别邀请荒木武雄在校进行演讲，演讲内容为中日两国蚕丝发展的关系以及日本蚕丝发展的现状。

3 月 16 日，江苏大学颁发指令院字第 1023 号：“令苏州女子蚕业学校校长：请正校名为江苏大学浒墅关女子蚕业学校由呈悉。该校校名，经本大学行政会议议决，改称江苏大学女子蚕业学校。”

4 月，大学委员会临时会议决定，江苏大学改称中央大学，并冠以国立二字。至此，中央大学的名称得以确立下来,而女蚕校则更名为中央大学区立女子蚕业学校。

9 月,女蚕校根据南京国民政府要求学校进行“三民主义”学习的命令,组织了党义研究会。此研究会包括全体教职员工,具体学习方法为购买党义书籍,组织教师集体阅读或者单独学习,并推选郑辟疆、郁隽由、费璞庵、费迈枢、俞起亚、马范驱、严钦会、张感天、张象飞等人为筹备委员,担任起草、分组、征集设备等事宜。

10 月,学校派遣蚕学教员兼场务部主任邵申培、蚕学教员兼推广部主任费达生赴日本蚕丝业繁盛区域考察,同行的还有蚕学教员孙诏谷及校友兼制种家陆子容、华承昭三人,共同组成江苏蚕业参观团前往考察。

11 月,考察团回国。在日本期间,考察团参观了东京、京都二府及静冈、爱知、长野、群马、琦玉、福冈六县等日本蚕业荟萃之处,总计参观机关共有 42 处之多,对日本蚕丝业的发展有了全面而细致的了解。

12 月,女蚕校向江苏省政府提出呈请,希望能在干茧特捐项下或者其他款项中划拨制丝设备费 40 000 元,以便女蚕校购置新的蚕丝设备,开设制丝专业。

1929 年

2 月 23 日,开弦弓村有限责任生丝精制运销合作社正式成立,共有社员 429 名,基本包括了开弦弓村的全部住户和邻村村民 50 余户。以十元为一股,当年共入 700 多股,并选举当年促成蚕业指导所建立的陈杏荪为合作社理事主席。

6 月,国民党三届二中全会决定停止试行大学区制。

8 月 5 日,开弦弓丝厂正式投入生产。丝厂有缫丝车 32 台,复摇车 16 台,员工 67 人。

9 月 1 日,江苏省的大学区制停止实施,女蚕校也就同时重新恢复了江苏省立女子蚕业学校的名称。18 日,女蚕校通过从制丝业界获得贷款先行开始建设、余款分期偿付的方式,得以实现学校开办制丝科的目标。女蚕校编制完成设备预算以及借款和还款方案,呈报教育厅审核,最终获得批准。

1930 年

2 月,江苏省政府农矿厅开始施行蚕种取缔工作,委派秘书刘新锐主持筹办,组织技术人员,订出《江苏省蚕业取缔法规》,并宣布成立江苏省蚕业取缔所,颁发各项法规,禁止蚕种自由买卖或转让,实施对蚕种进行统一配发、统一价格、统一检验的统制管理。

5 月,根据教育部颁布的一系列学生组织管理办法,女蚕校原有的学生会被改组为学生自治会,学生大会则改为学生自治大会。改组后,由学生自治大会选举出学生代表会,而日常活动则由干事会负责。干事会分为总务股、卫生股、体育股、出版股、演讲股和游艺股等部门,其中总务股又下设常务干事、文书、书务和会计四个委员,负责自治会的主要工作。

9 月,女蚕校正式开办高中程度制丝科,原定为学制三年,但为了适应蚕丝业急需制丝人才的需要,特先行试办两届,学制为两年。

12 月 7 日，自治会演讲股组织了演讲比赛，聘请孙君有、费迈枢、钱竹声、费达生、俞筠黼、孙定玉、蒋粹英等为评委，以切合中国蚕丝业现状的“中国蚕丝业衰退的原因及今后补救的方法”为演讲题目。演讲由每一级的学生分别推举两人，高级科参加 8 人，组成甲组；中级科参加 6 人，组成乙组。各组分别比赛。比赛结果：甲组优胜者为荆和籁、蒋莲舫、魏紫云；乙组优胜者汪采之、王为同、奚赛珠。

1931 年

夏，女蚕校制丝科为了提倡妇女职业技能以及培养制丝工场技术工人，开办第一届制丝职工培训班，最初招收 12 人，除了教授制丝技术外，还开设国民常识等课程，以提高制丝职工的素质，定期六个月毕业，学业合格者将可以留在学校制丝实习工场当工场助手，培训班经费在江苏省妇女职业班经费内开支。

7 月，江淮等地爆发罕见的大洪水，灾害持续了两个月，波及八个省份，受灾人口达到 5 000 余万。面对如此严重的天灾，女蚕校广大教师一方面配合政府的救灾措施，将 9、10 和 11 月份的工资捐出救灾；另一方通过教职员委员会和学生自治会等校内组织，积极组织师生以捐款捐物的方式帮助抗灾。据统计，女蚕校教职员、学生以及校工三部分共捐出赈灾银 813 元。

9 月 18 日，日本帝国主义发动了“九一八”事变，进而侵占我国东北三省。女蚕校的学生得知此消息后，赶制传单、标语等宣传品，连日在课余时间分组前往附近各地进行抗日演讲。学校也通过增设救护课程，配合江苏省在学校内添置有关我国历史、地理的书籍，邀请知名人士到校演讲，组织全校师生宣誓抵制日货。

10 月，女蚕校在学校附近开办农村妇女工读班，利用农闲时间普及教育，宣讲蚕业常识。11 日，正式开课，设定学额 100 名，地点定在旺米山村，招收旺米山村附近地区的养蚕妇女进行学习，要求学员年龄在 14 岁以上 40 岁以下，学期一年，农忙季节和蚕期停课。工读班主要开设通识和蚕业课程两类，通识课包括三民主义、识字、习字、笔算、珠算、常识等，蚕业课包括养蚕大要、制簇和制丝绵，不收取学费，书本等学习用品均由女蚕校供给。

12 月 6 日，制丝科召开第一次学生成绩展览会，展出包括制丝科一、二年级和制丝妇女职工班学生的作品。

1932 年

9 月，江苏省教育厅颁行《江苏省县中等学校教训合一试行办法》，在各中等学校设立教务处并任命级导师，以取代以前的训育机构。

10 月，郑辟疆校长委派张步洲负责民众学校的筹备事务。12 日，民众学校正式开始授课，招收完全不识字的男青年 20 人，粗略识字的男青年 18 人，分成甲、乙两组进行授课。

1933 年

9 月，郑辟疆校长在新学期第一次教务会议上，强调要发挥级导师的作用，要求各级导师、教师和宿舍事务员担负指导学生日常行为规范的责任,并对学生操行进行分别评定。其中,级导师占二分之一,教师及宿舍事务员合占二分之一。

10月,女蚕校根据江苏省教育厅颁布的江苏省救国教育实施纲领,并根据女子学校和职业学校生产教育的原则,拟订了女蚕校救国实施详细方案。

11月5日,金陵大学理学院科普宣传队抵达女蚕校,放映科教电影,普及科学知识,包括爱迪生发明小史、汽车胎制造经过和新闻纸制造经过等内容。

11月10日,女蚕校照例举行全校运动大会。参赛项目为个人50米、100米、200米赛跑,400米接力和跳高、跳远、铅球等田径项目以及排球、篮球和团体操等集体项目。委托中山体育专科学校的体育教员担任裁判,并发函到浒墅关各机关团体,邀请其来参观。

1934年

2月,国民党政权掀起了所谓重整道德、改变社会风气的新生活运动。25日,南京国民政府在全国经济委员会辖下成立蚕丝改良委员会,负责协调全国蚕丝改良事务。

下半学期开始,女蚕校接受蚕丝改良委员会委托,代为培训蚕桑改进指导人员,第一期共107人,每天授课5小时,共培训4个月。

11月5日,女蚕校成立江苏省立女子蚕业学校新生活运动促进会分会,选出干事13人,以校长郑辟疆、教职员代表5人和7个学级级长各1人共同组成。

12月7日,女蚕校举行国语演说竞赛。竞赛题目为怎样救济农村。学校各学级先进行预赛,然后选拔出两名优秀者进入学校的决赛。决赛时间定为5~8分钟,邀请张复升、高一之、钱小云、俞赞陶、朱慰春、徐玉文、周玉梅等7位教师担任评判,决出的优胜者为林珊梅、冯彩文、殷淑媛、袁恭寿、王娥英。

根据江苏省教育厅颁布的《修订江苏省立中等学校奖励清寒学生暂行办法》,女蚕校制订出学生家庭状况调查表及保证书,发放给申请奖学金的贫困学生家庭,请家长填写并担保,然后由校长严格审查,对成绩优良并且家庭困难的学生,学校发给一定数额的奖学金。

1935年

2月,郑辟疆校长聘请高一之、俞赞陶、王干治、钱小云、张绍武、邵伯生、汪滋仁、蒋粹英、严剑石等人组成图书管理委员会。13日,召开成立大会,研究商讨改进图书管理和服务工作的各项事宜。

9月,女蚕校正式兼办制丝专修科,由郑辟疆兼任专修科主任,并且实行男女兼收的政策,扩大制丝学生的招收范围。专修科首先开设蚕业泛论和缫丝学两门课程,由时任制丝实习工厂主任的张绍武和制丝科主任的张复升任课。

10月1日,女蚕校为制丝专修科专门补办开学典礼,庆祝制丝专修科的开办。

11月9日,女蚕校第六届运动会召开,参加人员增加到200余人,运动会还增设8磅铅球、标枪、铁饼等项目。

11月26日起,女蚕校根据教育部制定的《中等学校利用教育播音须知》组织教育播音推广委员会，安排特别教室组织学生收听广播。广播的主要内容为三民主义宗旨、国内外重大时事以及日常生活常识等内容。

12 月，江苏省教育厅下令将制丝专修科改为江苏省立制丝专科学校，由女蚕校兼办。

1936 年

1 月 23 日，国难教育社成立，拟订了《国难教育社工作大纲》。29 日，国民政府教育部宣布国难时期之教育宗旨，组织特种教育委员推行国难时期的特种教育，随即连续颁布了《专科以上学校特种教育纲要训令》、《推进学校军事教育办法大纲》和《推进国防教育办法大纲》，并且在《关于学校教育状况及今后如何改良以适应国防要求案》中，提出了"高中、师范及职业学校平时实施军事训练及军事管理，并于第一学年实施集中军训三个月"等配合国难时期军事教育的要求。有鉴于此，女蚕校按照江苏省教育厅《非常时期训练实施纲要》，拟定了女蚕校非常时期训练推进方案，组织了推进委员会，校长、教导主任、事务主任、蚕丝两科场务主任、各级导师、各科首席教员及校医等人为推进委员，并请丝专科军事教官董达四为指导员，具体负责推进各项训练事宜。其主要训练项目为防空常识、看护训练、行军演习和精神讲话等。

1937 年

江苏省立制丝专科学校正式扩充为江苏省立蚕丝专科学校（简称蚕专校），仍由女蚕校兼办，学制三年。

7 月 7 日，日本军队制造了"七七"卢沟桥事变，悍然发动了全面侵华战争。

8 月 13 日，日本侵略军在上海发动"八一三"事变，开始进攻上海，战火烧到了长江下游地区。

11 月 12 日，日军攻占上海后便沿长江西进，开始进攻苏州，19 日占领苏州。女蚕校被迫停课，组织师生分散迁移。

1938 年

5 月，费达生抵达重庆，被四川丝业公司聘请为制丝总技师。

夏，女蚕校在上海设立办事处，借用南京西路大夏大学的教室作为上课的地点，召集高年级学生回校复课，以便补完课程毕业。同时，学校在上海当时租界内爱文义路（现北京西路）觉园 5 号设蚕丝专科学校沪分校。郑辟疆校长委派汤锡祥为教导主任，陆子容为总务主任负责学校各项事务。

1939 年

7 月，郑辟疆率领逗留在江苏、上海等地的师生到达川南，随即租下乐山平江门内富新绸厂作为临时校舍。蚕丝专科学校的养蚕学科及特设四川丝业公司制丝技术人员养成班和女蚕校的高级蚕丝科均先后招收一年级新生。女蚕校正式复校上课。

9 月，蚕专校编辑出版《蚕丝月报》，内容分论著、研究、译述及蚕丝情报四部分。从

1939 年 9 月创刊至 1941 年 5 月,共出版 21 期。

1940 年

10 月 1 日,敌占区女蚕校以江苏省立女子蚕业职业学校的名称正式办学,并于 7 日开始招生,12 日办理学生入学注册,10 月 15 日正式开学上课。招收初中养蚕科一年级生 84 名,分两级教授。全校教职员工共有 17 人,伪江苏省教育厅拨给临时费 8 000 元,经常费每月 1 650 元。

1941 年

12 月 7 日,日本偷袭珍珠港后,太平洋战争爆发。8 日,日军进入上海租界。为了不被日本接管,沪分校被迫停办,所有教职员辗转前往四川。

1945 年

8 月 15 日,日本天皇下诏宣布投降,中国人民终于取得了八年抗战的胜利。

12 月中旬,郑辟疆先行返回浒墅关女蚕校原址,为复校做准备。

1946 年

10 月 19 日,刚刚复校的女蚕校收到江苏省教育厅第 6910 号令:"江苏省立女子蚕业学校校名与部颁修正职业学校规程所定之名称不合。兹依据该校所设科目并遵照部颁前项规程第九条之规定,拟改称为江苏省立女子蚕丝科职业学校。"由此,女蚕校在复校之后,便以江苏省立女子蚕丝科职业学校的名称对外招生。

11 月,女蚕校实习制丝厂开工生产,设立缫车 104 台,并增加了用水设备,提高了丝厂的生产能力。

抗日战争胜利后,女蚕校与蚕丝专科学校迁回浒墅关原址复校。女蚕校学生于 1946 年委托四川南充农校继续教学,直至毕业。江苏省立蚕丝专科学校学生迁返浒墅关后,两校经费独立,而郑辟疆仍兼任两校校长,两校设备合用。

1949 年

4 月,苏南蚕业管理局成立,统一管理蚕业生产。27 日,苏州宣布解放。

秋季,蚕校推广部撤销。

10 月 1 日,中华人民共和国成立。19 日,中央任命郭沫若为政务院文化教育委员会主任,马叙伦为教育部部长。

12 月,浒墅关镇新民主主义青年团工委派人来校发展团员。大专部分入团 25 人,中专部分入团 32 人,两校分别建立青年团组织。

1950 年

3 月 6 日,苏南行政公署通知,将省立女子蚕丝科职业学校与省立蚕丝专科学校合并,改称公立蚕丝专科学校,委任郑辟疆为校长,附设中等技术科。

3月12日,在蚕丝教育和改进领域并肩奋斗了20余年的郑辟疆与费达生宣布结为夫妻。

6月1日,第一次全国高等教育会议召开。此次会议的主要任务是讨论并确定改造高等教育的方针和新中国高等教育的建设方向。

1951年

公立蚕丝专科学校更名为苏南蚕丝专科学校,由苏南行政公署文教处管理。内分大专、中专两部分,各设养蚕制丝两科。中专部开始男女兼收。大专制丝科为两年制,其余为三年制。毕业生全国分配。

下半年,杭州工业学校、南通工业学校的制丝科并入蚕校的中专部制丝科。

1952年

1月,苏南苏州高级农业技术学校、苏南宜兴高级农业技术学校的养蚕科并入蚕校中专部。

11月,学校教师汪家麟自愿将浒墅关虎啰蚕种场的资材赠给学校。

苏州第一丝厂、江南丝厂及学校实习丝厂选送有初中毕业文化水平或具有同等学历的青年工人来校学习,学制三年,毕业后授予中专学历。青工班刚开学时,由于文化程度参差不齐,先补习半年文化课,故实际学习三年半,所有学员享受调干生待遇。青工班学生入学后,学习刻苦认真,取得较好成绩,毕业回厂后,不少人担任了厂技术部门的领导工作。

1953年

1月,江苏省人民政府委派李仲祥担任学校副校长,在学校中建立了中国共产党组织。

学校开办青工班,招收苏州部分制丝工厂具有初中毕业或同等学历文化水平的工人入学,学制三年,毕业后获得中专学历。

8月,按照《江苏省1953年农业性质中等技术学校调整整顿实施方案》,"镇江蚕业学校改称江苏省镇江农业学校,所有中级班及五年一贯制三年级,并入浒墅关蚕丝专科学校技术科"。

8月10日,根据高等院校调整方案,华东地区高等教育管理局决定,将蚕校的养蚕专科并入浙江农学院。

9月11日,华东高等教育管理局发函,同意蚕校制丝专业调整并入浙江农学院蚕桑系,随学生并入浙江农学院的教师有俞懋襄等7人。部分大专教师仍留在中专任教,还有部分教师根据本人意见,由上级调配至其他院校与科研单位。

11月31日,在蚕校专科部分调整后,学校更名为江苏省浒墅关蚕丝学校(简称江苏蚕校)。省教育厅厅长吴贻芳来校宣布省人民政府通知,并召开部分教师座谈会。自此,蚕校降格为中等专科学校,设蚕桑、制丝两科。省农林厅转发省人民政府任命书:委派郑辟疆为江苏省浒墅关蚕丝学校校长,管守孟、孙奇真为副校长。学校归江苏省农林厅与江苏省纺织工业厅共同领导。

1954 年

由于本省丝绸工业的发展,需要织绸方面的专门人才,经省纺织工业厅批准,学校增设丝织科,学制三年,并招收第一班学生 20 名。

下半年,杭州工业学校、南通工业学校的制丝科并入学校中专部制丝科。

秋,教育部分配朝鲜民主主义人民共和国留学生 7 人来学校蚕桑专业学习。朝鲜学生来校前,先在北京大学汉语班学习一年,达到初懂汉语程度。学校采取混合编班,由我国学生开展课外学习互助,学校安排专人负责留学生工作。留学生在学习结束时,均获得较好成绩。

9 月,郑辟疆当选全国人大第一次代表大会代表。

汪家麟又将虎啰蚕种场的蚕种余款 3 000 万元(当时币值)捐赠给学校,经省农林厅研究同意接受,以其充作学校实验蚕桑场添置设备及翻译蚕桑科技资料的费用。

1956 年

7 月,经江苏省农林厅和纺织工业厅研究后报请教育部批准,学校的制丝、丝织两专业从江苏省浒墅关蚕丝学校分出,另在浒墅关上塘绞纱浜南征地,进行基建,新建江苏省丝绸工业学校,原学校改称江苏省浒墅关蚕桑学校,仍留原校址办学。两校划分原则为:专业师资、仪器设备、实验室、专业图书等项分属原专业,行政、教务、总务及基础课师资一分为二,各自进入新的学校。从 1956 年下半年起开始分校,分校工作到 1957 年上半年基本完成。

11 月,蚕校受农业部委托举办第一期全国桑蚕蓖麻蚕干部训练班,学员 300 人,来自广东、广西、辽宁、山东等省区。培训班自 1956 年 11 月起至 1957 年 6 月下旬结束。

学校实验丝厂党组织划归学校,党员人数增加。根据需要,建立党总支委员会,孙奇真为第一任总支书记。

1957 年

2 月,毛泽东在扩大的最高国务会议上发表了《关于正确处理人民内部矛盾的问题》。

4 月 27 日,中共中央正式发出《关于整风运动的指示》,动员全国人民开展一次普遍的、深入的旨在反对官僚主义、宗派主义和主观主义的整风运动。蚕校的广大教职员工也都积极地参与到此次整风运动中来,提出自己的建议和要求。但在随后掀起的反右派斗争中,蚕校有 4 人被错划为右派分子,蒙受了不白之冤。

郑辟疆致函省农林厅蚕管局,将 1956 年公私合营的壬戌馆蚕种场郑氏名下的权益自愿交与国家,原该场技术人员与桑工等 8 人由学校安排工作。

1958 年

3 月 24 日，第四次全国教育行政会议召开，主要交流了各地教育事业大跃进的经验。

4 月，中共中央召开全国教育工作会议，强调批评教条主义、右倾保守思想和在一定程度上忽视政治、脱离共产党领导的错误。

8 月，苏州地区行政公署决定于当年创办 10 所高等学校。于是，蚕校呈请利用院系调整后留在学校的原专科师资人员和设备恢复蚕桑专业专科的招生，很快获得批准。同时，学校保留中专，更改校名为苏州蚕桑专科学校，并立即于秋季招收大专班两个班 60 人。

9 月，中共中央、国务院发布《关于教育工作的指示》，提出："党的教育方针，是教育必须为无产阶级服务，教育与生产劳动相结合，为了实现这一方针，教育工作必须由党来领导。"

10 月 13 日，苏州地区行政公署(58)282 号通知"任命郑辟疆为苏州蚕桑专科学校校长，李成山、管守孟为副校长"，学校党政关系隶属中共苏州地委及苏州地区行政公署领导。

12 月，中共苏州地委任命李成山为学校党委书记兼副校长。

1959 年

8 月，蚕校十里亭桑场发生采叶临时工搭乘运叶船返家途中，船被撞翻，采叶临时工 10 人落水溺死的重大事故。

1960 年

2 月，中共苏州地委组织部决定成立中共苏州蚕桑专科学校委员会，并颁发新印章。

1961 年

1 月，中共中央八届九次全会正式确定对国民经济实行"调整、充实、巩固、提高"的八字方针，修正了前一阶段的"左"倾思想，国民经济得到了一定程度的恢复。

年初，根据刘少奇同志提出的高等学校教材建设分两步走的建议，江苏省农林局组织蚕校师生深入蚕桑生产第一线进行调查研究，将蚕桑学习理论和生产实践相结合，初步编写出了一套供专科使用的蚕桑新教材。

9 月，中共中央书记处讨论并通过了《教育部直属高等学校暂行工作条例》(简称"高教六十条")。《条例》在总结了新中国教育工作经验，特别是"左"倾错误的教训的基础上，重新提出了高等学校必须以教学为主，努力提高教学质量；要正确执行知识分子政策，为社会主义高等教育服务；贯彻"双百方针"，提高科研水平；实行学校党委领导下的以校长为首的校务委员会负责制等科学的高等教育工作原则。

秋季，镇江蚕桑专科学校并入学校。章步青副研究员调来学校任教。

1962 年

6 月,为了减轻因教育盲目扩张所造成的教育负担,平稳度过国民经济的困难时期,江苏省农林厅决定撤销蚕校的中专部,集中力量办好大专。

8 月,农垦部王震部长来校视察并邀请学校蚕桑专家陆辉俭、章步青两位副教授去新疆维吾尔族自治区考察该地区的蚕桑生产。陆、章两人于次年 6 月到达新疆,为期两个月的考察后,对发展该地区的蚕桑生产提出建设性的意见。

1963 年

3 月,中国蚕学会成立。郑辟疆当选第一届蚕学会名誉理事长。

为支援新疆蚕桑业发展,学校 62、63 届大专毕业生大部分以及部分 62 届遣散回家的未毕业中专生,前往新疆建设兵团支援新疆生产建设。

1964 年

2 月,经请示省农林厅同意,将部分桑田及附属设施调拨给吴县蚕种场使用,总亩数为 155.58 亩,学校仅保留毗连校园的桑田 137 亩。

夏,刘少奇同志在对各地教育情况进行考察之后,继 1958 年之后再次提出了实行两种教育制度和两种劳动制度的主张,并建议各地试办半工半读学校。

11 月,中共中央政治局召开扩大会议,讨论在城市实施半工半读教育问题。会上,刘少奇同志强调:“半工半读试验的重点是中等专业学校和高等学校,只有举办半工半读高等学校,才能逐渐形成体系。”

学校党政机构改隶属苏州市委领导。郑辟疆当选江苏省蚕桑学会第一届理事长。

1965 年

4 月,经江苏省人民委员会批准,蚕校蚕桑专业成为省属高校半农半读试点单位,由学校负责制订方案。

1966 年

5 月,文化大革命开始。16 日,中共中央发出通知,提出“彻底揭露反党反社会主义的所谓‘学术权威’的资产阶级反动立场”,各地学生相继开始“造反”,大批学校陷入混乱。

7 月,学校建立“红卫兵”组织,成立文化革命委员会。

8 月 8 日,中共中央通过《关于无产阶级文化大革命的决定》,为这场浩劫提供了错误的理论支持。随后,苏州市委派出以吴子昆、冯鹤清为首的文化革命工作组进驻学校,并在学校成立了文化革命委员会。

9 月,学校师生开始大串联。组织机构瘫痪,“停课闹革命”,学校陷于混乱之中。

1967 年

3 月 7 日，中共中央发出《关于大专院校当前无产阶级文化大革命的规定（草案）》，要求外出串联的师生返校进行军事训练，在大联合的基础上由学生、教师和领导干部民主选举文化革命委员会，并在校内继续批判走资派和反动学术权威。

1968 年

3 月，学校内建立大联合委员会，并在此基础上产生了革命委员会。校"革委会"成立后，紧接着开展清理阶级队伍，学校大部分教职工在运动中受到怀疑，被审查，遭批判。

1969 年

5 月，学校先后派出 5 个"教育革命"小分队，分赴吴县、淮阴、东台等地农村，接受贫下中农再教育，举办专业短训班，并进行调查研究，直到 1972 年 1 月才全部撤回。

9 月，"试点班"正式入学。招收学员的条件是苏州地区具有高小文化程度，18 岁以上，具有蚕桑生产实践经验的农民和基层干部，学制暂定一年。学习内容包括政治、军体、劳动、养蚕、栽桑等课程。1970 年 6 月结业，结业后都回原地工作。

11 月 27 日，郑辟疆逝世。

1970 年

5 月，苏州市第二丝厂由职工组成的毛泽东思想工人宣传队进驻学校，"文化大革命"进入斗、批、改阶段。

1971 年

6 月，全国教育工作会议召开，通过了《全国教育工作会议纪要》。《纪要》全面否定了建国以来的教育工作，并决定要进行一场与之完全相反的"教育革命"。

7 月，苏州市革委会派军代表王文选担任中共苏州蚕专核心小组第一组长兼革委会主任。

1972 年

4 月，原党委书记李成山担任校革委会主任、中共苏州蚕专核心小组副组长。学校根据《全国教育工作会议纪要》的精神，制订了"教育革命"方案，面向全省招收工农兵学员三个班。

12 月，江南丝厂工宣队撤回原厂。在工宣队进驻学校期间，占去学校土地 14 亩多，进行扩大厂区、建造化纤车间及锅炉房等活动。

1973 年

年初，江苏省第四地质队组成的工宣队进驻学校。学校的“文化大革命”进入所谓“批林批孔”阶段。

教育部在上海召开华东地区高等院校教材改革经验交流会，宣传、推广上海机床厂“七二一”大学根据典型工程组织教学的经验。

11 月 28 日，《光明日报》以《一所深受贫下中农欢迎的大学》为题，发表了关于辽宁省朝阳农学院的“经验”（后称之为“朝农经验”）之后，该种教学模式在全国强令推行。

1975 年

5 月，蚕校改由苏州地区领导，江苏省第四地质队工宣队撤离学校。9 月，全国农林院校在朝阳农学院参观学习“朝农经验”后，蚕校开始招收“社来社去”班，搞“开门办学”，也就是所谓的“请进来”、“走出去”，办学方式实行“几上几下”。

12 月，苏州地委委任夏明波为学校党委书记、革委会主任，并派吴江新生丝织厂郭锦元等人组成的工宣队进驻学校。直至 1977 年 11 月，根据中央通知，工宣队撤回原单位，学校逐步恢复了正常的行政教学机构。

1976 年

10 月，党中央一举粉碎“四人帮”。

1977 年

1 月，蚕校恢复并调整了党政机构。学校党委下设组织科、宣传科及各党支部。行政机构在校长之下设教务科、总务科和实习场。

9 月，农业部召开全国农林院校教材编写会议，委托蚕校与浙江农学院共同牵头研究制订高等农业院校本科蚕桑专业教学计划和高等农业院校蚕桑专业教材的编写工作。在编写本科蚕桑专业 7 门专业教材中，学校承担《桑树栽培及育种学》、《桑树病虫害防治学》两门课程的主编，并参加《蚕体解剖生理学》、《养蚕学》、《家蚕良种繁育及育种学》、《蚕病学》课程部分章节的编写工作。

10 月，中央改革高等学校招生办法，高考制度全面恢复。

1978 年

4 月 15 日，中共中央决定对 1957 年“反右派”斗争中被错划右派分子的人予以平反改正。

9 月 17 日，中共中央批发了《关于全部摘掉右派分子帽子决定的实施方案》。

学校增设家蚕育种和茶叶两个专业，各招生一个班。后茶叶专业停止招生，仅培养了一期 20 名毕业生。

1979 年

5 月,省委任命仲若愚为校党委书记,管守孟为校长,冯仁怀为党委副书记,夏昌明为副校长。

10 月,裴家璜调来学校担任副校长。

1980 年

2 月,中共十一届五中全会提出,要“确立适合国民经济发展需要的教育计划和教育体制”。以此为起点,中国开始了对教育体制的逐步改革。

白泽干再次来校参观讲学。其后,还有众多日本等国专家来校交流。

1981 年

11 月,学校领导班子调整,管守孟为名誉校长,夏昌明任校长,裴家璜任党委副书记、副校长,郑声镛任副校长。

1982 年

根据江苏省普通中学生物师资紧缺的情况,省高教局和教育厅决定在蚕校增设生物专业。秋季开始招收学生 30 名。1983 年以后,每年招收两个班(60 名)。

1983 年

9 月,校党委决定对学校教学部门进行机构改革,先建立了蚕桑、生物、基础三个学科。

12 月,调整中层领导班子及教研组领导人选,行政上设立教务处、总务处、保卫科,并设实习场。

学校新建淡水养殖专业。

秋,学校在蚕桑师资培训班的基础之上,于蚕桑专业招收蚕桑师资班,每年招生 30 名。1987 年后,因学生分配问题而停止招生。

受新疆维吾尔自治区农牧厅委托,为自治区代培蚕桑专业学生一个班。其中,维吾尔族学生 30 名,汉族学生 10 名,至 1987 年完成学业。

1984 年

10 月,为了促进蚕桑科研工作的进一步开展,承担重大的攻关课题,学校成立了蚕桑和家蚕育种两个研究室。研究项目主要是蚕、桑品种选育,桑树快速育苗及高产综合栽培技术,蚕、桑病虫害防治,提高出丝率、产卵率以及蚕桑机具的研制。

12 月,学校成立校长办公室,负责协调全校各项事务。学校党委下设组织部、宣传部、党委办公室。

经江苏省高教局同意，学校成立蚕桑、家蚕育种两个研究室。

1985 年

1 月，江苏省高教局计财处、科技处邀请南京师范大学、江苏农学院、苏州大学等院校部分科研管理干部和专业教师为蚕校建立中心实验室举行论证会。

3 月 9 日，费达生在《经济日报》上发表《建立桑蚕丝绸的系统观点》的论文。

3 月，在中共苏州市委的具体领导和部署下，蚕校正式开始整党工作。到 9 月底结束，共历时 7 个月。这次整党对学校党委及支部在思想作风、组织等方面存在的问题进行认真的整顿，并注意边整边改。

5 月 27 日，中共中央发布《关于教育体制改革的决定》，确定了教育体制改革的方向、目标和途径，成为形成有中国特色社会主义教育的纲领性文件。

7 月，经省高教局批准，蚕校蚕桑学科被列为江苏省高校重点学科。

1986 年

7 月，蚕校又增设应用生物专门化（师资），并于当年招生 30 名，次年招生两个班。

11 月，为了解决新建淡水养殖专业实习的需要，学校在南大门内改桑田为鱼池 10 亩。

1987 年

7 月，学校将江南丝厂归还的 10 亩土地用于建立应用生物实验基地。

10 月，民盟苏州蚕专小组正式建立，并召开成立大会。同年，九三学社也在学校建立了小组。

1988 年

4 月，学校原内部刊物《教学与研究》（1987）改为《苏州蚕桑专科学校学报》（半年刊）。

5 月，经苏州市计委批准，学校建立苏州蚕桑专科学校服务公司，性质属集体所有制的校办企业。

8 月，苏州市职工思想政治工作研究会批复同意我校思想政治教育研究会以团体会员加入该会。

9 月，学校成立专业技术职称评聘委员会，由喻叔英等 13 人组成并开展工作，先后聘任高级职务 8 名，中级职务 41 名，初级职务 5 名。

10 月 4 日，“大蚕省力化机具研讨会”在学校召开。会议期间，召开了参加这个会议的校友座谈会。与会校友表达了对母校的深情厚谊、提出了许多有关学校发展和建设的有益建议，并就校友会筹备事宜、举行校庆活动的合适时间等发表了很好的意见。学校决定在进一步听取意见的基础上，适时成立校友会筹备组织。

1989 年

4 月 4 日，苏州蚕桑专科学校校友会筹备委员会第一次会议召开。筹委会由喻叔英、郑声镛等 38 人组成。在此次会议上，各位校友认真商讨了成立校友会和校庆活动的各项筹备工作。会议推举了校友会筹委会的领导人员，讨论并通过了《苏州蚕桑专科学校校友会章程(草案)》，确定了校友会成立及校庆活动的时间和内容，讨论了校友会理事会人选资格标准，为几项纪念性项目初步筹措了资金。

6 月，学校召开思想政治教育研究会成立大会。大会通过了《苏州蚕桑专科学校思想政治教育研究会章程》，选举产生了第一届理事会。

12 月，学校决定将淡水养殖专业从生物学科分出，建立水产学科。

学校成立苏州蚕桑专科学校蚕桑科学研究所，由学校直接领导。凡学校蚕桑科学研究方面的规划、组织和管理均由该研究所负责。原蚕桑学科所属各教研室同时为蚕研所的研究室，各教研室的科研工作同时也接受研究所的领导。

1990 年

5 月 14 日，日本京都工艺纤维大学纤维学部松原藤好和松本继男教授前来进行为期一周的学术交流。在校期间，两位教授分别就“无菌生物学在蚕丝生产科学上的应用和发展”以及“饲育环境的微生物控制和蚕病防治”面向全校学生做了学术报告，并且与学校教师进行了座谈。

9 月，蚕校决定将蚕桑学科、生物学科和水产学科分别改称蚕桑系、生物系和水产系，基础学科改称基础部。

12 月 25 日，校友会筹委会第二次会议召开。会议增选朱竹雯等 7 人进入筹委会，讨论了校友会章程的修改意见，推举朱竹雯为名誉会长，费达生为顾问，喻叔英为会长，并推荐了名誉理事候选人 17 名，常务理事候选人 49 名，理事及秘书长候选人 106 名。大会确定 1991 年 3 月 14 日举行第一次理事会议，3 月 15 日在举行建校 88 周年庆祝大会的同时成立校友会。

1991 年

3 月 15 日，苏州蚕桑专科学校建校 88 周年庆祝大会召开。大会正式通过了蚕校校友会章程和理事会人选。大会结束后，举行了郑辟疆校长铜像揭幕仪式。

4 月 23 日，苏州市民政局正式批准蚕校校友会的成立。

6 月，学校根据《关于教育发展的“八五”计划和十年规划的报告》，制定出学校自身的目标和实施步骤。学校计划到 20 世纪末，在办学规模上达到 4 个系，7 个专业，在校学生超过 1 200 人。

8 月至次年 1 月，学校蚕桑系与浒墅关蚕种场、镇江蚕种场、镇江蚕研所以及吴县和无锡等地市多种经营管理局签订了蚕种、蚕桑生产实习基地协议书；生物系与浒墅关、望亭、长青等中学签订了生物师资教育实习基地协议书；水产系与苏州娄葑水产养殖场签订了建立水产养殖专业实习基地协议书。

9 月，学校开始举办蚕桑技术培训班，面向社会招收具有初中文化程度以上，由所在单位推荐或自愿报名的学生入校学习，培训时间为半年。

10 月，学校发表《关于坚持“三结合”办学，主动为社会服务的报告》。报告总结了 1988 ~ 1990 年学校在为社会服务方面所做的工作，并提出今后要继续坚持“教学、科研、生产”三结合的原则，继续为社会和生产服务。

1992 年

2 月，中共中央下发《中国教育改革和发展纲要》，提出指导 90 年代乃至是 21 世纪初年教育工作的新方针。

4 月，蚕校根据《纲要》的指示精神，提出自身深化改革的几方面工作，包括：科研管理体制改革；招生制度改革；有偿服务改革；修订奖金分配办法；搞好住房制度改革等。

11 月，蚕校接受农业部委托，为全国各蚕业生产区招收家蚕育种专业代培生，每年招收一个班，30 ~ 40 人，学制三年。毕业后由各省委托单位负责安排工作，享受国家专科学校毕业生同等待遇，于 1993 年正式列入江苏省招生计划。

12 月，蚕校获准将蚕茧收烘列入蚕桑专业，同时增设应用生物学，学制均为三年。

1993 年

2 月，增设农村经济与贸易专业，淡水养殖专业改名为水产养殖专业，并于 1993 年秋季开始招生。

3 月，江苏省教委同意学校举办函授部（专科），从 1993 年开始招生，开设全日制普通班已有的专科专业。全日制学制为三年的专业，函授或夜大学不得少于四年，专科函授总学时不少于 2 500 小时，其中集中教学时间不少于 800 小时。

4 月 21 日，蚕校与苏州大学联合发文，向省教委请示关于将苏州蚕桑专科学校改办为苏州大学生物技术学院的相关事宜。

5 月，学校建立经济与贸易系，下设农村经济与贸易专业，计划今后根据需要增设新系。鉴于经济与贸易专业与马列主义教研室的学科特点和师资情况，决定两者合署办公。

9 月，首届水产养殖专科（三年制）函授生全部报到注册，顺利开学。这是建校以来第一批函授生，标志着学校函授教育工作的开始。

10 月，学校决定从当年秋季开始面向全校学生举办一系列单科选修和短期培训班。其中，单科选修课程有微机操作及数据库系统、英语和市场营销；短期培训班有电脑打字、摄影摄像和仪器分析等课程。

1994 年

3 月 2 日，蚕校与苏大再次联合发出苏州大学、苏州蚕桑专科学校关于联办苏州大学生物技术学院的补充请示。

4月,学校开始筹建生物技术研究与开发中心,下设基因工程和细胞工程两个实验室。

4月22日,苏州蚕桑专科学校和苏州大学向江苏省人民政府递交了关于两校联合办学的请示。

9月,学校水产系与泗洪县商定开办水产养殖成人大专班,脱产学习两年后,毕业生回原籍从事水产养殖技术工作,为该县培养一批高级水产技术专业人员。第一批招生共35人。同时,学校农村经济与贸易专业也开设了面向高考落榜生的成人教育大专班

11月,苏州大学与苏州蚕桑专科学校联合向国家教育委员会正式提交"关于联合办成苏州大学生物技术学院"的报告。

1995年

2月,江苏省教委批准蚕校蚕桑和经贸专业进行双专科制试点招生,学制四年,招生人数30人。同时,蚕校获准将会计专业方向列入经济贸易专业。学校1995年蚕桑函授大专获准跨省在河南地区招收20名学员。

3月6日,国家教委批复,同意将苏州蚕桑专科学校并入苏州大学,组建苏州大学生物技术学院,撤消苏州蚕桑专科学校的建制。

蚕校决定聘请部分退休教师作为教学巡视员,实行教学巡视员制度。

4月,蚕校决定与吴江市政府合作,在吴江建立一个贸易经济专业的学生实习点。

9月,学校在对吴县、淮阴、淮安、盐城、建湖等地进行实地调查后,了解到这些地区的初中英语教师缺额很大,于是决定增设英语教育专业,学制为大专三年,重点培养初中英语师资。

10月,蚕校申请开办函授化学分析和生物学教育专业,以满足江苏省部分化工系统企业中化学分析人员和小学自然课教学人员提高自身专业知识的要求。

11月24日,蚕校召开全体教职员工大会,宣布由朱炳元同志担任苏州大学生物技术学院党委书记,顾仁敖同志任院长。自此,苏州蚕桑专科学校从建制上正式完成了与苏州大学的合并工作,成为苏州大学生物技术学院。

附　录

附录 1

苏州蚕桑专科学校沿革表

起止时间	学校名称		备　注
	大　专	中　专	
1904～1911 年		私立上海女子蚕业学堂	
1911 年		江苏省立女子蚕业学堂	清末转归公立
1912～1927 年 10 月		江苏省立女子蚕业学校	
1927 年 10 月～1928 年 3 月		第四中山大学苏州女子蚕业学校	全国实行大学区制
1928 年 3 月～1928 年 4 月		江苏大学女子蚕业学校	
1928 年 4 月～1929 年 9 月		中央大学区立女子蚕业学校	
1929 年 9 月～1946 年 10 月		江苏省立女子蚕业学校	大学区制结束，原校名恢复
1946 年 10 月～1950 年 3 月		江苏省立女子蚕丝科职业学校	
1950 年 3 月～1951 年 2 月	公立蚕丝专科学校		与江苏省立蚕丝专科学校合并
1951 年 2 月～1953 年 11 月	苏南蚕丝专科学校		
1953 年 11 月～1956 年 7 月		江苏省浒墅关蚕丝学校	院系调整后，降格为中专
1956 年 7 月～1958 年 8 月		江苏省浒墅关蚕桑学校	制丝与丝织专业从学校分出
1958 年 8 月～1995 年 3 月	苏州蚕桑专科学校		恢复大专招生
1995 年 3 月～	苏州大学生物技术学院		学校并入苏州大学

附录 2

上海私立女子蚕业学堂章程

第一章　宗旨

第一节　本校注重栽桑养蚕制种缫丝等试验，并改良旧法，兼授普通及专门学理，以扩充女子职业，挽回我国利权为宗旨。

第二章　学科、修业期及毕业期

第二节　分预科本科及选科

一、预科注重国文、数学及蚕学大意，以简要之科目，分甲、乙班教授。

一、本科为普通学已有根底者而设，授以理科及专门学理，养成实业专家。

一、选科为曾进中等学堂已有中学程度有志实业者而设，不必全修本校课程，可选修专门科目及实习。

第三节　毕业期：预科二年，本科三年，选科半年。

预科修业期满，升入本科。本科及选科修业期满，试验合格，给予证书。未合格者补学。

第三章　学龄、入学、退学

第四节　在十五岁以上三十五岁以下，身无疾病，均得入学。学业不进，或犯学规，当通知保证人，申明缘由，即令退学。

第四章　课程表

第五节　预科

学科 学年	修身	国文	数学	蚕学	博物	习字	家政	合计
第一学年　每周时数	2	12	珠算6	4	4	6		34
第二学年　每周时数		12	笔算9	4	4	6	1	36

第六节　本科

学年 学科	第一学年	每周时数	第二学年	每周时数	第三学年	每周时数
修身	人伦之要旨	2				
国文	读文、作文、写字	12	文典、作文、写字	9	作论说	6
数学	算术	4	代数	4	几何、三角	6
蚕体解剖	内外部	4				
蚕体生理	卵体	3	蚕体、蛾体	4		
显微镜	使用法及论理	2				
蚕病理			病理	3		
栽桑法			桑树栽培论	3		
养蚕法					蚕心计法	4
缫丝法					上等丝、屑茧丝、双宫丝	4
理科	动物、植物、物理	9	矿物、物理	6	化学	4
土壤学						2
肥料学						2

续表

学科＼学年	第一学年	每周时数	第二学年	每周时数	第三学年	每周时数
经 济						2
图 画					器械着色	3
日 文			文典	3	会话	3
合 计		36		32		36

第七节 实习

催 青	饲育 春蚕 夏蚕	缫丝 上等丝 屑茧丝 （第三年） 双宫丝	制 种
肉眼考种	显微镜考种	栽培（第二年）	解剖（第一年）

第八节 手工

外国刺绣（专科）	织绒物 织线物 （普通科）	铁机织缝（普通科）

第九节 其他教育：体操为必修科，游戏体操及音乐为随意科。

第五章 修金、膳费、零用

第十节 修金及宿费，每年作十二个月，膳金作十个月计算（逢闰照加），分两学期预缴，其数如下：修金十二圆，膳费十五圆，宿费六圆，节赏一圆。

第十一节 如有半途退学者，修金宿费概不缴还，唯膳费按月扣除。

第十二节 图书、笔墨先缴价，均由账房代办。零用自理。

第六章 考试、奖励、报告

第十三节 每学期小考、大考各一回。

第十四节 学程优等、实习勤恳、缺课最少者，于大考后酌行奖励。

第十五节 每学期之考试成绩、品行优劣及实习之勤惰，于放假时发报告纸，送家族察阅。

第七章 学期、学年、休业

第十六节 每年分二学期，合二学期为一学年。

第十七节 除日曜休业外，节日、国庆、圣诞各休业一日，年假、暑假各四十日。

第八章 简约

第十八节 来学时所应带之物件：帐一，被单二，枕衣二（均用白色），被褥各一，洋伞一、文具一、栉沐具一。

第十九节 衣服鞋帽宜朴净，不宜华丽，脂粉及贵重首饰不准携带。

第二十节 银币在五圆以上者应交舍监代收。

第二十一节 凡有事告假，须有家族信据方准。

第二十二节 养蚕期间，如无特别事故，不准告假。

第二十三节　家族不在上海者，不得在外住宿。

第二十四节　休业日，如无特别要事不得住外。凡欲购应用物件及寄信等，均当交账房，转饬听差代办。

第二十五节　非家族来校探望，概不招待。

第二十六节　如有校外来信，信面未写明写信人姓氏及住址者，本校校长有启封稽查之权。

第二十七节　如有疾病，当移住养病室。

第九章　报名

第二十八节　入学者于每学期开学前报名。

第二十九节　如无妥实保证人不纳。

第三十节　报名式如下：

学生	年	省	州	县人
现住	地方，愿进女子蚕业学校			
肄业				
学生学业			家族姓名职业	
年　月　日			经报人姓名住址	

第十章　附则

第三十一节　上系发行简章，凡有课堂、膳堂、寄宿舍及养蚕时之规则，均悬校中，各系遵守。

（载《女子世界》1905 年第 6 期，《中国近现代女性期刊汇编》，线装书局影印本，2006 年 5 月版）

附录 3

《女蚕同学经营蚕种业须知》

甲、本校同学经营种业者，得就商本校，当与以相当的指导。

乙、本校同学经营种业，在初成立而未得社会信仰时，得委托本校介绍出售。

丙、希望本校介绍售种者，应先经认可，并依规定办理。（一）凡合下列各项资格者，得通过本校推广部，填具经营计划书（计划书格式另附），经本校推广部蚕种股调查，并由推广部事务会议商榷认可后，发给认可证。1. 毕业于本校本科及高级养蚕科之同学，曾在相当之蚕业机关学校担任教员、技术员、指导员一年以上者；2. 在本校中级蚕丝科毕业之同学，曾在相当之蚕业机关学校担任教员、技术员、指导员二年以上者；3. 委托本校介绍出售蚕种，须每所能产毛种三千张以上而地点距本校两日内可以往复者。（一）凡介绍期内之制种场，须于每年 9 月 1 日以前来校接洽。（一）凡介绍期满之制种场，得许其继续介绍者，由校通知该厂来校接洽。

丁、本校介绍售种，依照左列规定办理：（一）本校为促成各制种场自立起见，凡自 1927 年起成立之制种场，本校介绍售种以两年为限；在 1926 年以前成立之制种场，介绍至1928年所产之种为限。(一)自1928年起,介绍各场售种量,概依上年度数量为标准。(一)本校介绍有余力时,仍可随时通知各场,尽力介绍。(一)第一年经营之种场,本校介绍以毛种五千张为限,但视其能力,得酌量增加。(一)本校对制种场介绍蚕种,不能完全售出时,则售出之蚕种由每所等量分配之。(一)种价虽有规定,但因卵粒之多少,及种茧之厚薄,不能不有增减,其增减之标准,由推广部事务会议审定之。(一)种款收入后,最多先付半价,其余俟蚕种发出后,连同利息如数结付。

戊、希望本校介绍售种者,其经营中须依左列规定办理:(一)委托本校售种者,须用本校原种,并照各项规定办理。(一)经营中得由本校派员随时视察检查。(一)蚕种产额在三千张以内者,技术员一人,五千张以内者二人,一万张以上者,三人以上。(一)饲养中不能兼营丝种。(一)制种场之蚕室,在三龄以前,必须有天花板及地板,三龄以后,亦须有天花板。

己、希望本校介绍售种者,其蚕种得依规定委托本校代为贮藏。(一)为数达一万张者必须自贮。(一)代贮蚕种,每张暂收国币一分四厘。(一)凡经本校介绍售出之蚕种,每张收手续费三分,以充定种时之一切费用。

庚、蚕种希望本校镜检者,须依规定办理:(一)委托本校介绍售种者,其母蛾须由本校镜检,并须于产卵后十四日以内,将鲜蛾送校,由校干燥后检查,其合格者,给与证印。(一)凡本校毕业同学经营制种业而应用本校原种者,均得委托本校代为镜检,其部分检查合格者,得给与部分检查毒率证书,其全部检查合格者,给与证印。(一)本校镜检,先取全部母蛾十分之一行部分毒率检查,如毒率不满百分之一者,得免除全部检查,全部毒率检查,在百分之二十者,不予介绍。(一)非毕业同学经营之种场委托检查,以部分毒率检查为限。(一)委托镜检,每张收镜检费国币五分,先期交纳。

辛、连纸消毒药品显微镜等购办较难者,得由本校代为采购,但须于认可后预定之。

壬、本须知有未尽事宜,得随时通知。

附录4

女蚕校在川时期历年经费来源表

项目 年度	教育部		江苏省教育厅拨费	农林部补助费	四川省教育厅补助费	四川省建设厅补助费	农产促进委员会蚕丝训练费	乐山蚕丝实验区			四川蚕业公司补助费
	专科以上学校补助费	生产教育补助费						贸委会蚕丝增产项下	农林部补助费项下	生产收入项下	
二十八年度	6 000	6 000									4 250
二十九年度	5 000	6 000		50 000	5 000	5 000	40 000				16 250
三十年度	14 500	10 000				5 000		40 000	3 620		8 125
卅一年度	28 200	15 000						40 000	6 130		
卅二年度	50 000	15 000	已核定100 000					50 000		50 000	
备　注											

附录 5

抗战时期蚕专校与女蚕校任职教职员工一览表

姓名	职务	学　历	经　　历	到职年月	备　注
郑辟疆	校长	前杭州蚕学馆毕业	曾任山东农业专门学校教员兼蚕科主任，江苏省立蚕业试验场场长	1918 年 1 月	兼任女子蚕业学校校长
汤锡祥	教授	日本东京高等蚕丝学校养蚕学科毕业	曾任江苏省立蚕丝试验场场长，原种制造所所长，全经会蚕改委会专门委员等职	1939 年 8 月	原任沪分校教务主任暂行代理校长职务
王干治	副教授兼教务主任	同上	原任江苏省立女子蚕业学校蚕学教员	1932 年 4 月	
陆辉俭	副教授兼场务主任	同上	曾任江苏省立原种制造所技士	1937 年 8 月	
董达四	训导主任兼上校军训教官	浙江		1935 年 8 月	
单岳生	教员兼会计主任	前江南高等蚕业学堂毕业		1931 年 8 月	兼任女蚕教员
徐震	国文兼任教授		现任国立武汉大学国学教授	1942 年 8 月	
陈允成	日文兼任教授		现任国立武汉大学日文教授	1942 年 8 月	
钟兆璿	经济学兼任教授		现任国立武汉大学经济学教授	1943 年 8 月	
费达生	制丝兼任教员	江苏省立女子蚕业学校养蚕科、东京高等蚕业学校制丝教□毕业	曾兼任江苏省立蚕丝专科学校讲师，现任新运妇新委会乐山蚕丝实验区主任	1922 年 8 月	女蚕教员
胡元恺	讲师	日本京都高等蚕丝学校蚕科毕业	原任女蚕校蚕学教员	1939 年 8 月	
公立华	生物学兼任讲师	国立武汉大学毕业	现任国立武汉大学助教	1941 年 8 月	
徐熙生	化学兼任讲师	国立北京大学毕业	现任国立武汉大学讲师	1943 年 8 月	
何□生	英文兼任讲师	之江大学文学士	现任国立中央技专英文讲师	1943 年 8 月	
陆钟	物理兼任讲师	国立中央大学毕业	现任国立中央技专物理讲师	1942 年 1 月	

续表

姓名	职务	学历	经历	到职年月	备注
张延卿	国文兼任讲师	同上	现任国立中央技专国文讲师	1942年8月	
王天予	制丝兼任讲师	江苏省立蚕丝学校养蚕科毕业	历任女蚕校、丝专校教员，现任乐山实验区川□外销生丝督委会副主任	1943年8月	
赵鹤生	国文兼任教员	私立大厦大学毕业	私立常州中学教员	1943年8月	女蚕教员
钟家裕	数理化教员	国立中央大学毕业	国立中央技专讲师	1943年8月	同上
王宝琳	蚕学教授	日本九州高等大学研究	曾任女蚕校教员等职	1943年8月	同上
郑桂媛	助教	江苏省立蚕丝专科学校养蚕科毕业	中国蚕桑研究所技术员	1943年8月	
官应贤	助教	同上	乐山蚕丝实验区技师	1943年8月	
孙静华	生活指导员	江苏省立女子蚕业学校毕业	曾任女蚕校原种部技术员	1939年8月	
刘□鹤	事务员			1943年8月	
陆斌游	书记			1942年3月	
党蜀南	书记				

附录6

1906～1949年江苏省立女子蚕业学校历届毕业学生数统计表

级别	科别	届数	人数	毕业年份
中级	蚕丝科	第一届	14	1926年
中级	蚕丝科	第二届	22	1927年
中级	蚕丝科	第三届	33	1928年
中级	蚕丝科	第四届	21	1929年
中级	蚕丝科	第五届	18	1930年
中级	蚕丝科	第六届	32	1931年
中级	蚕丝科	第七届	31	1932年
中级	蚕丝科	第八届	37	1933年
初级	养蚕科	第九届	26	1935年
初级	养蚕科	第十届	23	1936年

续表

级　别	科　别	届　数	人　数	毕业年份
初级	蚕科	第十一届	15	1946 年
初级	蚕科	第十二届	9	1947 年
初级	蚕科	第十三届	28	1948 年
初级	蚕科	伪蚕校甄审	71	1939～1944 年
江苏省立蚕丝专科学校毕业生	制丝科	第一届	25	1938 年
	制丝科	第二届沪分校	19	1942 年
	养蚕科	第一届沪分校	18	1942 年
	养蚕科	第一届川本校	20	1942 年
	养蚕科	第二届	8	1944 年
	养蚕科	第三届	14	1945 年
	养蚕科	第四届	16	1946 年
	养蚕科	第五届	21 未复学 29 人	1947 年
	养蚕科	第六届	17	1948 年
	高级制丝培训班		16	1941 年
高级	蚕丝科	第一届	19	1927 年
	蚕丝科	第二届	18	1928 年
	蚕丝科	第三届	19	1929 年
	蚕丝科	第四届	27	1930 年
	蚕丝科	第五届	28	1931 年
	蚕丝科	第六届	27	1932 年
	蚕丝科	第七届	33	1933 年
	蚕丝科	第八届	27	1934 年
	蚕丝科	第九届	23	1935 年
	蚕丝科春季班	一届	10	1935 年
	蚕科	第十届	30	1936 年
	蚕科	第十一届	22	1937 年
	蚕科	第十二届	22	1939 年
	蚕科	第十三届	7	1940 年
	蚕科	第十四届	10	1941 年
	蚕科	第十五届	26	1942 年
	蚕科	第十六届	12	1945 年

续表

级　别	科　别	届　数	人　数	毕业年份
	蚕科	第十七届	11	1946 年
	蚕科	第十八届	12	1947 年
	蚕科	第十九届	27	1948 年
	蚕本科	第一届	28	1916 年
	蚕本科	第二届	27	1917 年
	蚕本科	第三届	31	1918 年
	蚕本科	第四届	36	1919 年
	蚕本科	第五届	33	1920 年
	蚕本科	第六届	24	1921 年
	蚕本科	第七届	33	1922 年
	蚕本科	第八届	30	1923 年
	蚕本科	第九届	23	1924 年
	蚕本科	第十届	20	1925 年
高级	丝科	第一届	27	1932 年
	丝科	第二届	18	1934 年
	丝科	第三届	16	1935 年
	丝科	第四届	24	1937 年
初级	传习科		23	1918 年
	传习科	第一届	11	1918 年
	传习科乙部	第二届	6	1919 年
	传习科乙部	第三届	20	1920 年
	传习科乙部	第四届	13	1921 年
	传习科乙部	第五届	11	1922 年
	传习科甲部	第一届	20	1919 年
	传习科甲部	第二届	16	1920 年
	传习科甲部	第三届	24	1921 年
	传习科甲部	第四届	19	1922 年
	传习科甲部	第五届	20	1923 年
	养蚕实习科		23	1924 年
	制丝传习科		21	1925 年
	蚕丝职业科		17	1925 年

据苏州大学档案馆馆藏档案:《女蚕校历届毕业学生人数表》,苏州蚕桑专科学校档案,长期205号。

附录 7

1948 年 10 月江苏省立女子蚕丝科职业学校教职员一览表

姓名	学　　历	职　　务	担任学科	到校任职时间
郑辟疆	前杭州蚕学馆毕业	校长		1918 年 1 月
蒋粹英	北平高等女子师范文科毕业	教员兼训育主任	国文、家事	1930 年 2 月
钱小云	国立中央大学文学士	教员兼事务主任	公民	1933 年 8 月
李士良	江苏省立蚕丝专科学校养蚕科毕业	教员兼蚕种场主任	蚕学	1935 年 11 月
朱建锵	国立交通大学土木科南京陆地测量学校大地测量科毕业	教员	数学	1918 年 7 月
范良玉	金陵大学农学院园艺系毕业	教员	农业土壤肥料	1947 年 8 月
顾国桢	江苏省立蚕丝专科学校养蚕科毕业	教员	蚕学	1946 年 2 月
童培真	本校本科毕业，日本上田蚕丝专门学校病理部研究	教员	蚕学	1946 年 8 月
汪永堃	圣约翰大学肄业	教员	英文	1948 年 2 月
钱象复	前国立东南大学教育系毕业	教员	国文	1948 年 8 月
孙晓霞	上海市立东南女子体育专科学校	教员	体育	1948 年 2 月
周玉英	本校高级养蚕科毕业	教员	蚕桑推广	1946 年 2 月
杨志超	本校高级养蚕科毕业制丝科研究	教员	制丝实习	1947 年 8 月
汪家麟	东吴大学理学士北平协和医院预科	教员	理化	1927 年 8 月
席德衡	省立蚕丝专科学校毕业	教员	制丝学	1948 年 8 月
董金菊	浙江省立高级商科职业会计科毕业	会计主任		1948 年 8 月
单岳生	前江南高等商业学堂毕业	会计员兼教员	珠算	1931 年 8 月
洪震寰	无锡荣巷工商中学毕业	出纳员		1946 年 9 月
曹焕麟	私立无锡中学毕业	出纳员		1946 年 1 月
纽如兰	私立常州乡村师范本科毕业	教务员		1946 年 7 月
冯肖良	江苏省立高级工业职业学校毕业	理化室管理员兼两校理化物理实验		1948 年 8 月
储进	江南美术专科学校毕业	舍务员		1946 年 8 月
陆钟麒	苏州平江中学毕业	书记		1948 年 8 月
俞懋襄	日本鹿儿岛高级农林学校养蚕科毕业	教员兼教务主任	蚕学	1932 年 4 月

续表

姓名	学　历	职　务	担任学科	到校任职时间
费达生	江苏省立蚕丝专科学校日本东京高等蚕丝学校制丝科毕业	教员	制丝学	1923年8月
费玄辒	前清附贡生	教员	国文	1946年8月
俞起亚	东吴大学文学院毕业,中央法政学校预科毕业	教员	英文	1947年8月
陆定志	浙江大学生物系毕业	教员	生物	1946年8月
赵庆长	江苏省立蚕丝专科学校制丝科毕业	教员	制丝学	1946年8月
李锡畴	江苏省立苏农蚕本科蚕丝专科学校制丝科毕业	教员	制丝学	1947年2月
姜白名	山东农业专科学校蚕丝卒业	教员	蚕学	1918年7月
王　钧	松江师范毕业	教员	珠算	1946年8月
孙　楫	本校高级制丝科毕业日本东京高等蚕丝学校研究	教员	制丝学	1947年8月
殷秋松	日本上田蚕丝专门学校毕业	教员	蚕学	1945年10月
徐慕雨	上海立信会计专科学校毕业	教员	珠算	1948年8月
黄金荪	国立武汉大学机械系毕业	教员	机械学	1948年8月

附录8

建国后蚕桑专科学校历届毕业生人数统计表

专业年份	中　专		大　专							合计
	蚕桑	制丝	蚕桑	制丝	家蚕育种	茶叶	生物师资	淡水(水产)养殖	应用生物	
1950年	27	25	23	17						92
1951年	22	18								40
1952年	62	27	16	22						127
1953年	137	33	19	13						202
1954年	147	32								179
1955年	56	46								102
1956年	62	28								90
1957年	37									37
1958年	75									75
1959年	269									269

续表

专业年份	中专		大专							合计
	蚕桑	制丝	蚕桑	制丝	家蚕育种	茶叶	生物师资	淡水（水产）养殖	应用生物	
1961 年	234		62							296
1962 年	144		105							249
1963 年	165		139							304
1964 年			47							47
1965 年			37							37
1966 年			31							31
1967 年			29							29
1968 年			59							59
1975 年			108							108
1976 年			79							79
1977 年			38							38
1978 年			39							39
1979 年			78							78
1980 年			90							90
1981 年			119		20	21				160
1982 年			83		41					124
1983 年			31		31					62
1984 年			56		35					91
1985 年			69		50		30			149
1986 年			114		37		62	31		244
1987 年			108		34		61	63		266
1988 年			77		36		57	62		232
1989 年			63		32		117	63		275
1990 年			49		30		66	65	65	275
1991 年			61		29		59	90	59	298
1992 年			60		31		60	59		210
1993 年			58		32		58	58	30	236
1994 年			非师范类 203				师范类 58			261
1995 年			61		49		123	82	24	339

参考文献

1. 中国第一历史档案馆馆藏档案。

2. 中国第二历史档案馆馆藏档案。

3. 江苏省档案馆馆藏档案。

4. 苏州大学档案馆馆藏档案。

5. 中国第二历史档案馆:《中华民国史档案资料汇编》,江苏古籍出版社 2000 年版。

6. 朱有瓛:《中国近代教育史资料》,上海教育出版社 1993 年版。

7. 璩鑫圭:《中国近代教育史资料汇编》,上海教育出版社 2007 年版。

8. 陈学恂:《中国近代教育史教学参考资料》,人民教育出版社 1987 年版。

9. 朱有瓛:《中国近代学制史料》,华东师范大学出版社 1987 年版。

10. 章有义:《中国近代农业史资料》,三联书店 1957 年版。

11. 高景岳、严学熙编:《近代无锡蚕丝业资料选辑》,江苏人民出版社 1987 年版。

12. 政协江苏省苏州市委员会文史资料研究委员会:《苏州文史资料》,1 ~ 5 合辑,1990 年版。

13. 政协江苏省委员会文史资料研究委员会:《江苏文史资料选辑》,江苏人民出版社 1983 年版。

14. 政协江苏省苏州市委员会文史资料研究委员会:《苏州经济史料》。

15. 学部总务司:《第一次教育统计图表》,光绪三十三年铅印本。

16. 学部总务司:《第二次教育统计图表》,光绪三十四年铅印本。

17. 学部总务司:《第三次教育统计图表》,宣统元年铅印本。

18. 农工商部:《农工商部统计表》,清宣统元年铅印本。

19. 教育部中国教育年鉴编审委员会:《第一次中国教育年鉴》,上海开明书店 1934 年版。

20. 教育部教育年鉴编纂委员会:《第二次中国教育年鉴》,商务印书馆 1948 年版。

21. 《学部官报》,台北故宫博物院 1980 年影印本。

22. 学部总务司:《学部奏咨辑要》,《近代中国史料丛刊三编》,台北文海出版社 1986 年版。

23. 教育部编:《中华民国教育法规汇编》,《中国近代史料丛刊三编》,台北文海出版社 1986 年版。

24. 江苏省立女子蚕业学校学生会:《女蚕》,1923 ~ 1936 年。

25. 江苏省立女子蚕业学校学生自治会:《蚕钟》,1931 年。

26. 江苏省立蚕丝专科学校蚕丝月报社:《蚕丝月报》,1939 ~ 1941 年。

27. 江苏省教育厅编审室:《江苏教育》,1932 ~ 1944 年。
28. 江苏省教育厅编审室:《江苏学生》,1932 ~ 1937 年。
29. 江苏省教育厅:《江苏教育概览》,1935 年。
30. 江苏省教育厅:《江苏教育概览》,1932 年。
31. 江苏省行政公署教育司:《江苏教育行政月报》,1914 ~ 1916 年。
32. 江苏省教育厅:《江苏教育季刊》,1930 年。
33. 江苏省教育会:《江苏省教育会年鉴》,1916 年。
34. 汪原渠:《江苏教育历年统计比较图表》,江苏省长公署 1919 年。
35. 江苏教育厅公报处:《江苏教育公报》,1918 ~ 1926 年。
36.《江苏教育通讯》,1939 年。
37. 江苏省教育厅:《江苏省最近教育概况》,1930 年。
38. 江苏教育经费管理处:《江苏教育经费管理处概况》,1928 年。
39. 江苏大学秘书处编辑委员会:《江苏大学教育行政周刊》,1928 年。
40. 国民党中央统计处:《中国国民党指导下之政治成绩统计》,1930 ~ 1936 年。
41. 农学会主办:《农学报》,1897 ~ 1906 年。
42. 竞业学会编辑:《竞业旬报》,1906 年。
43. 常熟女子世界社编辑:《女子世界》,1904 ~ 1906 年。
44. 独立评论社:《独立评论》,1932 ~ 1937 年。
45. 人文编辑部:《人文》,1930 ~ 1949 年。
46. 申报馆:《申报》,1872 ~ 1949 年。
47. 大公报社:《大公报》,1902 ~ 1949 年。
48. 陆费逵:《教育杂志》,商务印书馆 1909 ~ 1948 年。
49. 中华教育界社:《中华教育界》,1912 ~ 1950 年。
50. 中华职业教育社:《教育与职业》,1917 ~ 1937 年。
51. 唐钺、朱经农、高觉敷:《教育大辞书》,商务印书馆 1933 年版。
52. 王倘、余景明:《中国教育辞典》,中华书局 1940 年版。
53. 蒋维乔:《江苏教育行政概览》,商务印书馆 1924 年版。
54. 教育杂志社编:《职业教育之理论及职业之调查》,商务印书馆 1925 年版。
55. 舒新城:《中国教育指南・民国十五年》,商务印书馆 1928 年版。
56. 黄炎培:《中国教育史要》,商务印书馆 1930 年版。
57. 陈翊林:《最近三十年中国教育史》,太平洋书店 1932 年版。
58. 舒新城编:《中国新教育概况》,中华书局 1935 年版。
59. 陈选善:《职业教育之理论与实际》,中华职业教育社 1933 年版。
60. 中华职业教育社:《全国职业学校概况》,商务印书馆 1934 年版。
61. 黄炎培:《三十五年来中国之职业教育》,《民国丛书》第二编 49,上海书店 1990 年版。
62. 俞庆棠:《三十五年来中国之女子教育》,《民国丛书》第二编 49,上海书店 1990 年版。

63. 苏州蚕桑学校校史编写组:《苏州蚕桑学校校史》,1989 版。
64. 张连红:《金陵女子大学校史》,江苏人民出版社 2005 年版。
65. 顾明远:《教育大辞典》增订合编本,上海教育出版社 1998 年版。
66. 赫尔巴特著,李其龙译:《普通教育学》,人民教育出版社 1989 年版。
67. 周予同:《中国现代教育史》,《民国丛书》第一编 49,上海书店 1989 年版。
68. 杨同方:《中学训育》,世界书局 1941 年版。
69. 舒新城:《近代中国留学史》,上海文化出版社 1989 年版。
70. 陈学恂:《中国近代教育大事记》,上海教育出版社 1981 年版。
71. 丁致聘:《中国七十年来教育记事》,《民国丛书》第二编 49,上海书店 1990 年版。
72. 经世文社:《民国经世文编·教育》,《中国近代史料丛刊》,台北文海出版社 1969 年版。
73. 中共中央文献研究室:《建国以来重要文献选编》,中央文献出版社 1993 年版。
74. 何东昌:《当代中国教育》,当代中国出版社 1996 年版。
75. 黄炎培:《黄炎培教育文集》,中国文史出版社 1994 年版。
76. 庞荣棣:《史量才——现代报业巨子》,上海教育出版社 1999 年版。
77. 王伦信:《清末民国时期中学教育研究》,华东师范大学出版社 2002 年版。
78. 卓晴君、李仲汉:《中小学教育史》,海南出版社 2000 年版。
79. 刘正伟:《督抚与士绅:江苏教育近代化研究》,河北教育出版社 2001 年版。
80. 熊贤君:《中国女子教育史》,山西教育出版社 2006 年版。
81. 梁忠义、李守福:《世界教育大系——职业教育》,吉林教育出版社 2000 年版。
82. 余广彤:《蚕魂——费达生传》,苏州大学出版社 2002 年版。
83. 余广彤:《蚕丝春秋》,南京出版社 1990 年版。
84. 苏州蚕桑专科学校校友会筹委会:《苏州蚕桑专科学校建校八十八周年纪念册》,1991 年。
85. 费孝通:《江村经济》,商务印书馆 2002 年版。
86. 梁启超:《饮冰室合集》中华书局 1988 年版。
87. 包天笑:《钏影楼回忆录》,《中国现代自传丛书》,台湾龙文出版社 1990 年版。
88. 戴礼澄:《蚕丝业泛论》,商务印书馆 1936 年版。
99. 尹良莹:《四川蚕业改进史》,商务印书馆 1947 年版。
90. 尹良莹:《蚕丝文集》,台湾正中书局 1989 年版。
91. (美)李明珠著,徐秀丽译:《近代中国蚕丝业及外销》,上海社会科学院出版社 1996 年版。
92. 王树槐:《中国现代化的区域研究——江苏省》,台湾中央研究院近代史研究所 1984 年版。
93. 吴秀之:《吴县志》,《中国方志丛书》,台北成文出版社 1970 年影印本。
94. 曹允源、李根源:《民国吴县志》,《中国地方志集成》,江苏古籍出版社 1991 年影印本。
95. 缪荃孙:《江苏通志稿》,江苏古籍出版社 2003 年版。

96. 江苏省地方志编纂委员会:《江苏省志·教育志》,江苏古籍出版社 2000 年版。
97. 江苏省地方志编纂委员会:《江苏省志·蚕桑丝绸志》,江苏古籍出版社 2000 年版。
98. 吴馨:《上海县续志》,《中国方志丛书》,台北成文出版社 1970 年影印本。
99. 姚公鹤:《上海闲话》,商务印书馆 1917 年版。
100. 上海通志馆编:《上海通志馆期刊》,《中国近代史料丛刊续编》,台北文海出版社 1977 年版。
101. 上海职业技术教育志编纂委员会:《上海职业技术教育志》,上海社会科学院出版社 2005 年版。
102. 朱祖贤:《上海丝绸志》,上海社会科学院 1998 年版。
103. 鲁兴萌:《蚕业教育和蚕业发展》,《蚕桑通讯》2004 年第 3 期。
104. 陈珺:《传教士与经正女学》,《西南交通大学学报》2004 年第 1 期。
105. 廖承琳、李延华:《近代中国早期实业学堂举要——杭州蚕学馆》,《邢台职业技术学院学报》2002 年第 3 期。
106. 章楷:《江苏近代的蚕业教育》,《江苏蚕业》1996 年第 3 期。
107. 徐畅:《抗战前江苏省农民银行述论》,《中国农史》2003 年第 3 期。
108. 李龙、窦永群:《民国时期中国蚕业的教育科研情况》,《丝绸》2006 年第 2 期。
109. 曾华明:《四川蚕业回顾与展望》,《四川蚕业》2006 年第 2 期。
110. 谢长发:《晚清女子教育与女子职业的发展》,《教育与职业》2000 年 7 月。
111. 王建华、崔恒秀:《晚清社会办学述评》,《苏州大学学报》1998 年第 4 期。
112. 包平、王利华:《略述中国近代农业教育体系的创立》,《中国农史》2002 年第 4 期。
113. 吴佩琳、季玉章:《浙江蚕学馆是我国近代最早的一所农业职业学校》,《南京农业大学学报》1985 年第 3 期。
114. 饶锡鸿、蒋美伦:《高安蚕桑学堂并未创办起来》,《南京农业大学学报》1985 年第 2 期。
115. 陈波涌:《半工半读职业教育思潮》,《职教论坛》2004 年 10 月。
116. 许小青:《南京国民政府初期中央大学区的试验及其困境》,《近代史研究》2007 年第 2 期。
117. 陈桂生:《"训育"辨析——兼论我国 20 世纪上半期实施"德育"的历史经验》,《杭州师范学院学报》2004 年第 5 期。
118. 朱轸:《1952 年江苏高校院系调整简况》,《江苏高教》1989 年第 1 期。

后　记

《苏州蚕桑专科学校简史》作为苏州大学校史丛书的一种，终于出版了。本书自选题和策划阶段开始，就得到了学校领导的热情关怀；在撰写过程中，学校档案馆、图书馆等相关部门通力合作。对各位领导和老师的关心和支持，在此深表感谢！

此书是由本人、石明芳和林冈先生共同完成的。林冈先生十年前所编写的女蚕校史为本书提供了最为扎实的蓝本，他同时负责书稿最后的审定工作；石明芳副馆长负责书中大量文字和图片史料的搜集与整理工作；本人负责全书的撰写。校史丛书执行主编王国平先生从本书的纲目制定、史料筛选和撰写原则及体例方面严格把关，付出了大量时间和精力，本书的出版与他的辛勤工作密不可分。

本书的出版还应该感谢苏州大学出版社总编吴培华先生和责任编辑金振华先生所付出的辛劳。

谨以此书献给苏州蚕桑专科学校近百年历史中为我国蚕丝事业作出奉献的全体校友！

李　喆

2008 年冬于独墅湖畔